대청봉 편지

대청봉 편지

초판 1쇄 인쇄일	2017년 11월 21일
초판 1쇄 발행일	2017년 11월 27일
글·사진	김영식
펴낸이	최길주
펴낸곳	도서출판 BG북갤러리
등록일자	2003년 11월 5일(제318-2003-000130호)
주소	서울시 영등포구 국회대로72길 6, 405호(여의도동, 아크로폴리스)
전화	02)761-7005(代)
팩스	02)761-7995
홈페이지	http://www.bookgallery.co.kr
E-mail	cgjpower@hanmail.net

ISBN 978-89-6495-106-4 03980

이 도서의 국립중앙도서관 출판시도서목록(CIP)은 e-CIP홈페이지(http://www.nl.go.kr/ecip)
와 국가자료공동목록시스템(http://www.nl.go.kr/kolisnet)에서 이용하실 수 있습니다.
(CIP제어번호 : CIP2017030264)

'우체국 사람들'의 강원도 백두대간 산행기

대청봉 편지

글·사진 **김영식**

북갤러리

새벽을 깨운 마태오의 알람

박영식(詩人)

글 한 줄 쓰기가 쉽지 않다. 여기엔 명문(名文)을 의미한 말은 아니다. 누구에게나 똑같이 주어진 이십사 시간 속에서 생활인으로 일하며 궤적을 글로 남기기가 그렇다. 내가 아는 마태오 김영식! 이분은 우정청 공무원이자 산악인이고 신앙인이다. 시인인 나 자신이 부끄러울 만치 반듯한 글을 쓴다.

이미 2013년에 600쪽에 가까운 분량의 '마태오 · 다니엘 부자의 백두대간 종주기'《아들아! 밧줄을 잡아라》1 · 2(북갤러리)를 출간해 세상의 많은 찬사를 받기도 했다. 그 저서를 읽으며 변화무상한 사계를 보았고, 무엇보다 사람을 포용하는 탁월한 살가움이 있었다. 특히나 평생 발품으로 백두대간을 종주하며 대동여지도를 제작한 고산자 김정호의 심정이 그러했으리란 생각이 들기도 했다. 참 대단한 분이다.

직장에서의 리더십 발휘는 물론 주말엔 산 타고, 여가 땐 책 읽고, 더러 동료들의 사기를 위해 술판도 잘 벌린다. 그러면서 어김없이 새벽에 일어나 세속에서 깨달은 인생 공부와 산에서 터득한 비움의 철학으로 글을 쓴다. 한마디로 굼틀대는 이 시대의 법전이다. 이러한 하루하루의 결과물이 잠든 폰에 알람으로 뜬다. 새벽을 깨우는 '마태오의 희망편지' 메일이다. 사실감 넘치는 한 장의 사진과 함께 늘 반갑고 힘이 솟는 오늘에 일용할 장편(掌篇) 메시지다.

가식이나 미사여구가 없다. 그냥 담백하게 읽히는 문장이다. 그래서 세상의 구석구석을 진찰한 그의 혜안이 더없이 빛난다. 결론은 자연이나 인간 삶이 건강해야 한다는, 우리 모두에게 안기는 성찰론이다.

또 한 권의 저서《대청봉 편지》가 한 시대 난국을 헤쳐 가는 명제로 모습을 드러냄을 진심으로 기뻐한다.

희망과 사랑의 홀씨가 되어
훈훈한 세상 만드는 데 기여하길…

강원의 숲은 한국의 허파이자 피톤치드의 보고(寶庫)다.

강원도는 전체면적의 81%가 산이고, 산림청에서 지정한 100대 명산 중 21개가 강원도에 있다.

최근 들어 숲길 걷기와 숲 명상, 숲 치유가 유행이다. 숲 중의 숲, 산 중의 산은 백두대간이다.

백두대간 숲에 들면 '피톤치드'가 쏟아지고 '세로토닌'이 샘솟는다. 백두대간은 일상의 가면을 벗어놓고 누구나 진솔하게 소통할 수 있는 대화와 토론의 광장이다.

필자는 2011년 5월부터 2015년 10월까지 강원도 우체국사람들과 강원도 백두대간을 걸었다. 강원도 백두대간은 경북 봉화 도래기재에서 강원도 최북단인 고성 진부령에 이르는 284km 산길이다. 길을 걸으면서 나누었던 대화와 사색의 편린(片鱗)을 모으고 정리하여 전국 우체국 게시판에 올렸다. 열다섯 차례 연재하는 동안 후배 박민호, 최병철, 고정록, 강석기, 김정민이 차례로 편집을 도왔다.

반응은 뜨거웠다. 댓글과 전화가 이어졌다. "산행기를 읽으면서 피로와 스트레스를 내려놓고 잠시 쉴 수 있었다", "마치 내가 산행을 하는 듯 생생했다", "시간을 내어 따라가고 싶다"고 했다. 어떤 선배는 "몸과 마음이 모두 스파르타쿠스 같은 사람"이라고 과찬했다. 그러나 실상 내 몸은 말이 아니었다.

감기몸살을 달고 살았고 눈병이 났다. 망막박리(網膜剝離)였다. 긴급 수술을 받았다. 안대를 하고 한 달여 엎드려 지내면서 지나온 백두대간의 시간을 떠올렸다. 늦가을 온 산을 붉게 물들이던 저녁노을을 보며 아름다운 임종(臨終)을 상상했던 약수산 정상, 어둠속 홀로 직벽 바위에 매달려 생사를 오갔던 한계령 하산 길, 하루 종일 세찬 비를 맞으며 수도승처럼 걸었던 피재 ~ 댓재 구간 등 함께했던 선후배의 얼굴과 목소리 그리고 걸음걸이가 되살아났다.

나는 미처 회복되지 않은 몸을 이끌고 다시 산으로 향했다. 숲은 몸과 마음을 치유해 주었다. 신기했다. 산에만 들면 파릇파릇 되살아나는 백두대간 DNA는 어디에서 오는 걸까?

꿈을 꾸었다. 백두대간의 상징이자 국민이 가장 좋아하는 산인 설악산 대청봉에 우체통을 세우고 손 편지를 써서 세상으로 보내는 꿈이었다.

꿈은 이루어졌다. 2013년 4월 30일 국립공원 헬기를 타고 설악 창공을 날았다. 설악산 중청대피소에 빨간 우체통이 세워졌다. 대청봉 우체통이다. 동부지방산림청, 설악산국립공원사무소, 속초우체국, 강원지방우정청 관계자(김계덕, 박문희, 허찬범, 이진학, 이도윤, 한대권, 안현주, 정송철, 홍석필, 강석기, 정정훈, 김경래)의 협조와 헌신적인 노력에 힘입었다.

4년 4개월간 '강원도 백두대간 종주'를 마치고 출판을 기획했다. 무명작가에게 기획출판은 넘기 힘든 벽이었다. 출간을 포기하려 할 즈음 도움의 손길이 다가왔다.

〈북갤러리〉 대표 최길주는 부자 백두대간 종주기《아들아! 밧줄을 잡아라》(1.2권) 출간을 계기로 인연을 맺었다. 재정적인 어려움에도 불구하고 기꺼이 출간을 맡아주었다. 책이 많이 팔려 출판사 살림살이가 봄꽃처럼 환하게 피어날 수 있었으면 좋겠다.

시인 박영식은 우체국 인연을 생각하며 흔쾌히 추천사를 써 주었다. 그는 1985년 〈동아일보〉 신춘문예(시조)에 당선된 후 작품 활동을 계속해 왔으며, 퇴임 후에는 울산시조시인협회 회장 등을 지내며 '푸른문학공간'에서 후배 문인 양성과 집필활동에 전념하고 있다.

사는 일은 빚지는 일의 연속이다. 지상에 머무는 시간 동안, 세상과 사람에게 빚진 것을 사랑과 나눔으로 갚을 수 있기를 소망한다.

《대청봉 편지》가 숲을 사랑하고, 우체국을 사랑하고, 백두대간을 사랑하는 모든 이에게 희망과 사랑의 홀씨가 되어 따뜻하고 훈훈한 세상을 만드는 데 기여할 수 있었으면 좋겠다.

2017년 11월
치악이 바라보이는 창가에서
김영식 쓰다.

차례

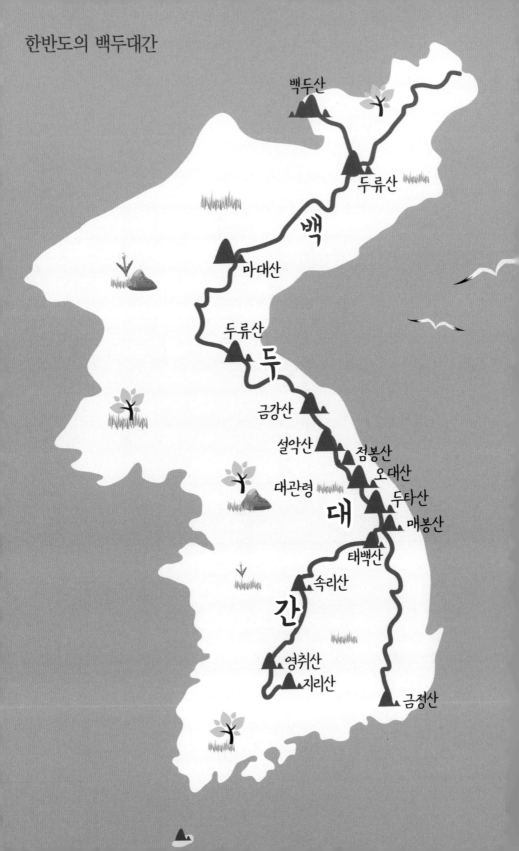

한반도의 백두대간

▶ 1구간 : 도래기재에서 화방재까지

위치 경북 봉화군 춘양면 ~ 강원도 태백시 혈동
코스 도래기재 ~ 구룡산 ~ 곰넘이재 ~ 태백산 ~ 화방재
거리 21km
시간 10시간 반

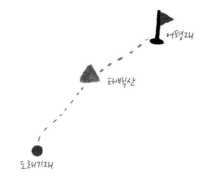

어평재

태백산

도래기재

숲은 만병통치약이다.

숲에 들면 괜히 기분이 좋아지고 웃음이 절로 난다.

스트레스도 사라지고 고민거리도 해결된다.

아토피도 사라지고 암세포도 줄어든다.

숲은 하늘이 준 명약이자 명의다.

왜 그럴까?

산소와 피톤치드 덕분이다.

숲은 산소 공장이다. 숲 1헥타르(1ha)는 하루 44명이 숨 쉴 수 있는 산소를 공급한다. 강원도에는 136만 9천ha의 숲이 있다. 하루 6천만 명이 숨 쉴 수 있는 양이다.

강원도는 한국의 허파다.

태백산으로 이어지는 백두대간 물결

백두대간의 절반이 강원도에 있다.

백두대간은 숲길의 연속이다.

나는 백두대간을 걷고 나서 아토피가 없어졌다. 생기다 만 암세포도 없어졌을 거다. 몸에 좋다는 약을 돈 주고 사먹으려 하지 말고, 차라리 백두대간 숲길을 걸어라.

병은 병을 낳고, 약은 약을 부른다.

숲 속을 그냥 걷기만 해도 병이 낫는다. 강원도 백두대간 숲길은 산소와 피톤치드의 보고(寶庫)다.

백두대간 산행은 최소의 비용으로 최대의 효과를 거둘 수 있는 경제적인 운동이다. 돈도 적게 들고 건강은 물론 역사공부도 할 수 있으니 그야말로 '일타삼피(一打三皮)'다.

'골프 바람'이 불었다.

사람들은 모였다 하면 골프얘기였다.

선배는 골프를 해야 올라갈 수 있다고 했다.

어차피 인생은 선택의 연속이다.

골프를 포기하자 모임과 화제와 정보로부터 소외되었다.

나는 사람들이 언젠가는 백두대간 숲길을 찾을 것이라고 확신하고, 강원도 백두대간 종주 산행을 기획했다.

남한 백두대간 종주는 워낙 힘들다고 소문이 나서 말도 꺼내지 못했다. 강원도에서 태어나고 강원도에서 직장생활을 하면서 강원도 백두대간을 모르면 강원도 사람이라고 할 수 없다고 역설했다. 혼자서라도 꾸준히 걷다보면 소문이 나고 소문을 듣고 하나, 둘 찾아올 것이라고 믿었다.

처음엔 엄두가 나지 않았다.

몸도 약해졌고 열정도 예전 같지 않았다.

지난 십여 년 간 백두대간을 끌어안고 살았다.

한 번은 직장 동료와 한 번은 아들과 함께했다.

또 다시 백두대간 얘기가 나오자 아내가 말렸다.

"당신도 나이를 생각해라. 산도 어느 정도지 그러다가 큰일 난다. 이제는 나이가 있어서 한 번 다치면 회복하기 어렵다. 그냥 가까운 산이나 다니면서 조용하게 살아라"고 했다.

강원도 백두대간 종주산행!

첫 구간 산행계획을 알렸다.

어떤 자는 무리라고 했고, 어떤 자는 무릎이 아프다고 했다. 어떤 자는 집에 일이 있다고 했고, 어떤 자는 싫다고 했다. 어떤 자는 분석하려 들었다. "백두대간은 그냥 걷는 것이다. 걷다 보면 알게 되고 깨닫게 되는 선종(禪宗) 같은 것이다"라고 힘주어 말했다.

나는 뭐 하나 내세울 건 없지만, 한 번 먹은 마음은 웬만해선 바꾸지 않는다. 잘하지는 못해도 끝까지 하는 건 자신 있다. 마라톤과 백두대간 종주가 그랬다.

우여곡절 끝에 버스를 한 대 빌렸다.
버스는 굽이굽이 영월 조제고개를 넘고 춘양 우구치리를 지나 도래기재에 닿았다.
동네가 소 입 모양을 닮았다는 우구치리(牛口峙里)를 지날 때, 동료 한 사람이 생각났다. 그의 부친은 이곳에서 사금(沙金)을 캐던 금광을 운영했다. 그는 부잣집 아들답게 첫 출근하던 날 자가용을 끌고 나타났다가 부러움과 질시를 한 몸에 받았다고 했다.
벌써 40년 전 이야기다.

도래기재는 영월군 김삿갓면 조제리와 봉화군 춘양면 서벽리를 잇는 백두대간 고개다. 표지판에 유래가 나와 있다.

> 춘양면 서벽리 북서쪽 2.4km에 있는 고개다. 조선시대 역(驛)이 있어 도역(道驛)리
> 로 부르다가 도래기재로 변음되었다.

도래기재를 지나면 주실령, 서벽리, 오전약수, 보부상 위령비가 있는 물
야저수지로 이어진다.

봉화에서 등짐 지고 서벽리와 부석사 남대리, 마구령과 단양 의풍리, 김
삿갓 묘가 있는 영월 와석리를 오가던 보부상의 애환이 고스란히 담겨있
는 역사의 길이다.

푸르다.

눈부시다.

눈부시게 푸른 날이다.

아침 7시 반.

도래기재다.

사북 사는 김태국이 환하게 반긴다.

비온 뒤 숲은 산소 절정이다. 피톤치드가 날고 산소폭탄이 터진다.

숲길은 폭신폭신 솜이불이다.

구룡산 초입이다.

수백 년 된 소나무 한 그루가 서 있다. 나무에서 위엄이 느껴진다.

나무에도 목격(木格)이 있다.

소나무 사진작가 배병우가 생각난다.

그는 "소나무는 한반도의 등뼈인 백두대간의 살과 피"라고 했다.

어느 기업회장은 배병우를 일러 "박세리 같은 사람이다. 스포츠가 아니라 소나무 사진으로 한국을 세계에 알렸다"고 했다.

백두대간 가족을 만났다.

'딸내미와 함께 하는 백두대간 종주산행'

아빠 2명과 딸 3명이다.

아빠는 젊고, 딸은 어리다.

아빠 배낭은 백두산이고, 딸 배낭은 야산이다.

2009년 3월 14일부터 백두대간을 시작했다고 했다.

"와아! 대단하다."

"딸내미, 힘내라. 파이팅!"

"나는 죽으면 죽었지, 저렇게는 못해."

"자기가 좋아하니 저렇게 하는 거지."

구룡산 정상에서 숨을 고르며

사람마다 보는 눈도 다르고 생각도 다르다.
누가 뭐래도 아빠의 눈물 나는 가족사랑이다.

구룡산(1,346m)이다.
태백산 천제단이 아스라이 한 점이다.
푸른 산 물결이 파도치듯 다가온다.
여기저기서 감탄사가 터져 나온다.
"와아아! 엄청나다."
"와아아! 정말 대단하다."

찹쌀떡을 나눴다.
산에 오면 누가 시키지 않아도 스스로 나눈다. 나눔은 베풂이다.
성경에 나오는 '오병이어(五瓶二魚)의 기적'도 나눔의 비유다.

곰넘이재다.
참 예쁜 이름이다.
이름이 예쁘니 숲길도 예쁘다.
아기 곰 발자국 소리가 들리는 듯하다.

옛날부터 이 고갯길은 경상도에서 강원도로 들어가는 중요한 길목이었으며, 특히 태백산에 천제를 지내러 가던 관리들의 발길이 끊이지 않았다. 문헌 영가지(永嘉誌)에는 웅현(熊縣)으로 표기되어 있는 것으로 보아, 언제부터인가 순우리말로 순화하여 곰넘이재로 부르게 된 것으로 추정된다.

– 영주국유림관리소

산두릅이다.

나무만 있고, 봉오리는 손을 탔다.

뒤 따라오는 후배들이 나물을 뜯었다.

"나는 그렇게 산에 다녀도 나무와 나물을 잘 모르겠어."

"곰취와 나물취는 비슷하게 생겨서 아무리 봐도 잘 모르겠어. 병철이한테 물어보면 금방 알텐데."

후배 중에 '나물 박사' 최병철이 있다. 그는 태백 사람이다. 봄만 되면 엄니와 함께 나물 밭을 오르내렸다.

그에게 산은 교실이요, 엄니는 스승이었다.

신선봉 오르막이다.

깔딱고개다.

땀이 뚝뚝 떨어진다. 땀이 흘러 눈이 따갑다.

숨소리가 점점 커진다.

다들 힘든지 말이 없다.

신선봉(1,280m)이다.

신선봉에 신선은 없다.

산소 1기가 나타난다.

묘는 죽은 자의 집이다.

묘자리에 욕심이 담겨있다.

"너무 슬퍼하지 마라. 삶과 죽음이 모두 자연의 한 조각 아니겠는가. 미안

해하지 마라. 누구도 원망하지 마라. 운명이다. 화장해라. 집 가까운 곳에 아주 작은 비석 하나만 남겨라."

고(故) 노무현 대통령의 유언이다.

"장례는 간소하게 치르고 조문소도 설치하지 말라. 화장해서 유분(遺粉)을 바다에 뿌려라."

전(前) 중국 주석 등소평의 유언이다.

풍수학자 최창조 교수는 말했다.

"명당은 마음속에 있다. 명당은 지금 이 순간 이 자리다. 중국의 풍수는 발복을 빌었지만, 도선국사 이전의 신라시대까지만 해도 우리 풍수에는 발복 신앙이 없었다. 음택풍수가 점차 세를 확대하면서 우리 땅이 병들었다. 아픈 사람의 몸에 뜸을 뜨듯이 병든 땅을 고쳐주어야 한다. 풍수를 신비화하는 것은 잘못이다. 풍수는 결국 사람과 자손을 포함한 세상을 이롭게 하자는 것이다. 세상을 떠나면서 남은 이들에게 이롭기로는 수목장(樹木葬)만한 것이 없다."

나 죽으면 화장해서 백두대간 마루금에 훨훨 뿌려주면 좋겠다.

차돌배기(1,210m)다.

차돌이 많아서 차돌배기다.

조선왕조실록 5대 사고 중 하나였던 태백산 각화사 가는 길이 여기에서 갈린다.

조선고적도보 태백산 사고 모습

　동행을 만났다.

　〈KBS〉 춘천방송총국 남경승이다.

　그는 함께 온 선배가 삐졌다고 했다.

　"나이가 들면 전부 애들이라니까요. 툭하면 삐지고 그래요. 겉으로는 안 그런 척하지만 밴댕이 속이 되어 가지고. 조금만 맘에 안 들면 그동안 잘해준 건 어디로 가고 없고, 남자들 얘기하는 걸 들어보면 전부 자기 자랑이고……. 여자들 보고 수다스럽다고 하는데 남자들이 더했으면 더했지……."

　산에 들면 솔직해진다.

　가면과 완장을 벗어놓기 때문이다.

　산에 들면 평등해진다. 유달리 평등의식이 강한 우리나라 사람이 산을 찾는 이유 중의 하나가 아닐까 싶다.

긴 오르막이다.

땀이 한 바가지다. 기진맥진이다. 하나, 둘 털썩 털썩.

"휴우우! 정말 장난 아니네."

아이들이 씩씩하게 올라온다.

"어디서 왔니?"

"분당 ○○중학교에서요. 우리는 백두대간 다닌 지 2년 됐어요."

아이들이 으쓱해 한다.

인솔 교사가 말했다.

"학부모는 한두 번 따라다니다가 다 떨어져나갔는데 아이들은 갈수록 씩씩해요. 1년 동안은 정말 힘들었어요. 이제 세 구간 남았어요."

학교공부만 공부가 아니다.

산 공부는 살아있는 공부다.

백두대간은 곳곳이 교실이다.

백두대간은 무언의 스승이다.

아이들은 백두대간 품속에서 자연을 배우고 익힌다.

깃대배기봉 가는 길.

산철쭉이 지천이다.

"진달래만 이쁜 줄 알았는데 산철쭉도 이쁘네요."

예쁘고 미운 건 인간의 기준이다. 자연은 그 자체로 경이롭다.

산철쭉 그늘 아래 식탁이 차려졌다.

머루주 한잔에 긴장이 풀어진다.

김밥, 시루떡, 소고기볶음, 오징어무침 등등…….

"밥과 반찬이 뱃속으로 이동했기 때문에 전체 무게는 똑같아요."

"지고 가라면 못 지고 가도, 먹고 가라면 먹고 갑니다."

깃대배기봉 오르막이다.

앞만 보고 힘차게 올라간다.

"좀 천천히 갑시다. 뒤에 오는 사람도 좀 생각해 줘요."

간간히 투덜거리는 소리가 들려온다.

귀가 간질간질하다.

못들은 척했다.

어차피 가야 할 길이다. 속도를 낼 땐 내야 한다. 툴툴거린다고 다 받아주다간 죽도 밥도 안 된다.

어디 산만 그렇겠는가. 공부도 그렇고, 운동도 그렇고, 직장생활도 그렇다.

모든 일에는 때가 있다.

깃대배기봉(1,368m)이다.

표지석 앞에 드러누웠다.

어떤 자는 눕자마자 코를 곤다. 단잠이다.

몸이 힘들면 꿈도 없다.

물맛이 꿀맛이다.

물이 보배다.

얼음물이 금세 바닥난다.

부쇠봉 옆길이다.

"부쇠봉에 올라갔다 오세요. 나는 여기서 기다릴게요."

"아니, 그냥 가요. 지금 죽을 지경인데 구경은 무슨……."

천제단이 코 앞이다.

"이제 다 왔어요. 천제단이 보이잖아요."

철쭉 봉오리가 터지기 직전이다.

소백산과 태백산 철쭉제가 이어진다.

꽃 따라 왔다 꽃 따라 가는 게 세상인심이다.

사람들은 꽃만 보고 꽃 속에 들어있는 눈물은 보려 하지 않는다.

"자세히 보아야 예쁘다. 오래 보아야 사랑스럽다. 너도 그렇다."

시인 나태주는 꽃을 보며 사람을 생각했다.

태백산 천제단이다.

천제단은 조상들이 하늘에 제사지내기 위해 설치한 제단이다. 삼국사기를 비롯한 옛 서적에 '신라에서는 태백산을 삼산오악 중의 하나인 북악이라 하고 제사를 받들었다' 라는 기록이 있는 것으로 보아 태백산은 예로부터 신령스러운 산으로 섬겼음을 알 수 있다. 천제단을 중심으로 북쪽은 장군단, 남쪽은 하단의 3기로 이루어져 있으며, 고대 민속신앙 연구의 귀중한 자료로 평가되고 있다.

바람이 분다.
오월 푸른 바람이다.
눈도 시리고 마음도 시리다.
웃음꽃이 피었다.
고통의 시간을 넘어선 자의 여유와 넉넉
함이 느껴진다.

이길상

내리막이다.
후배들이 지쳐간다.
김택수가 다리를 절뚝인다.
무릎과 허벅지에 물파스를 뿌렸다.
"이제 얼마 안 남았다. 힘내라."

김택수

사길령 가는 길.
고개가 연이어 나타난다.
"이제 얼마나 남았어요?"

"조금만 더 가면 돼요."

"다 온 줄 알았는데 또 있고, 또 다 온 줄 알았는데 또 나타나고……. 마지막 고개 한두 개가 사람을 잡네."

"백두대간이 원래 그래요. 걸을 만큼 걸어야 합니다."

사길령(四吉嶺)이다.

고개마다 조상들의 숨결과 흔적이 스며있다.

> 태백산 북쪽에 있으며, 강원도와 경상도를 잇는 고갯길이다. 삼국시대에는 태백산 꼭대기에 있는 천령(天嶺)으로 왕래했으나, 높고 험하여 고려시대에 이 길을 새로 내면서 새길령이라 불렀다. 고갯마루에 호랑이가 나타나 사람을 해치는 일이 많자, 보부상들이 이곳에 산신각을 짓고 안전을 기원했다. 산신각의 신위는 단종대왕이며, 산신각 내부에 백마를 탄 어린 임금이 그려진 탱화가 안치되어 있다. 매년 음력 4월 15일 산신제를 지내고 있다.

해가 서산으로 떨어진다.

그때 전화가 걸려왔다.

"지금 어디쯤 오고 있어요?"

청장 성시헌이다. 그는 춘천 사람이다. 키가 크고 고요하다.

늘 웃으며 부드러운 카리스마로 좌중을 사로잡는 매력남이다. 그가 휴일을
마다하고 태백까지 달려왔다.

오후 6시 반.

화방재(花房嶺, 936m)다.

화방재의 다른 이름은 어평재 또는 정거리재다.

> 화방재는 일본 식물학자였던 나카이 다케노신(中井猛之進)이 조선총독부 초대공
> 사였던 하나부사요시타다(花房義質)의 이름을 차용하여 개칭한 것이다. 그는 우리나
> 라에 자생하는 금강초롱도 화방초(花房草)로 명명했다. 어평재(御坪峙)는 단종의 혼
> 령이 '이곳부터는 내땅(御坪)이다'라고 하여 오백여 년 전부터 어평재라 불러왔으며,
> 1910년 조선지지와 1915년 조선약도는 이 고개를 어평치, 마을이름은 어평리로 적고
> 있다. 1961년 발효된 국무원 고시 16호도 어평리다.
>
> – 2016년 12월 12일자 〈강원일보〉 중에서

후배들이 속속 도착했다.

청장은 일일이 악수로 격려했다.

현장에서 배우는 소통과 공감의 리더십이다.

이흥주가 소리쳤다.

"와아아! 해냈다. 정말 해냈어요. 나는 도저히 못할 줄 알았는데……"

선배 이호상이 막걸리를 따라준다.

"자아~ 한잔 하세요."

"선배님, 고맙습니다."

막걸리 맛이 꿀맛이다.

따뜻한 격려에 눈물이 난다.

김택수가 다리를 절뚝이며 내려온다.

그는 오늘의 감투상이자 수훈갑이다.

어평재 휴게소다.

山 물로 세수를 했다.

물 안에 산 기운이 들어있다.

피로가 가시고 머리가 맑아진다.

만찬장이다.

태백한우와 발렌타인이다.

우리는 취했다. 자신감에 취했다.

"군대 있을 때 걸어보고 처음입니다."

"나는 스스로 대단하다고 생각합니다."

"집에 가서 아이들한테 자랑할 겁니다."

 산행 후기

　우리는 해냈다는 자부심으로 들떴다.

산소와 피톤치드를 먹고 마시며 힐링 만찬까지 하고 나니, 부러운 게 없었다.

그동안 소통하자고 말은 자주 했지만 소통은 쉽지 않았다. 하루 종일 함께 걷다보니 마음속 깊이 담아두었던 말이 술술 흘러나왔다. 말과 말이 섞이고 부딪히고 깨어졌다. 말길이 트였다. 상하좌우 웃음꽃이 피었다. 소통을 배웠다.

▶ 2구간 : 화방재에서 피재(삼수령)까지

위치 태백시 혈동 ~ 태백시 적각동
코스 화방재 ~ 함백산 ~ 금대봉 ~ 매봉산 ~ 피재
거리 21km
시간 10시간 반

다들 말이 없다.

침묵은 산에 대한 예의다.

방향은 같지만 걸음은 각자다.

땀이 떨어진다.

땀은 어찌할 수 없다.

땀은 의지와 무관하다.

숨이 찬다.

숨이 턱까지 차오른다.

심장 뛰는 소리가 들린다.

앞선 자는 빠르다.

앞선 자는 욕먹는다.

앞선 자의 숙명이다.

뒤선 자는 느리다.

뒤선 자도 힘들다.

빠르고 느린 건 상대적이다.

앞선 자도 뒤따르고 싶다.

앞선 자는 도전하는 자다.

도전하는 자는 밝고 활기차다.

도전은 중요하지만 보이지 않는다.

생텍쥐페리의 '어린왕자'는 말했다.

"무엇이든 잘 보려면 마음의 눈으로 보아야 해. 가장 중요한 것은 눈에 보이지 않아."

수리봉(1,214m)이다.

참았던 말이 봇물처럼 터져나

온다.

"뭘 그렇게 빨리가요?"

"아니, 천천히 갔는데요."

"초장부터 장난 아니네. 진짜

죽는 줄 알았네."

술 냄새가 난다.

백두대간은 해장국이 아니다.

산은 만만한 상대가 아니다.

산 앞에서 인간은 보잘것없다.

산죽 숲을 지난다.

"조릿대가 참 많네요."

"나는 산죽인 줄 알았는데."

문자와 입말의 차이다.

살아있는 말은 조릿대다.

잠자리가 빙빙 돌며 따라온다.

"잠자리가 계속 따라오네요."

"백두대간 입문 축하 비행입니다."

잠자리도 착한 사람을 알아본다.

만항재(1,330m)다.

바리케이드 앞에 승용차가 섰다.

운전자가 내리더니 바리케이드를 들어올렸다.

"아니, 기다렸다는 듯이 어떻게 이렇게."

"글쎄 말입니다. 참 묘하네요."

생은 우연과 필연의 연속이다.

만항재는 정선과 영월, 태백의 경계다.

만항재에서 함백산 들머리가 시작된다.

짧지만 달콤한 휴식이다.

"아아! 너무 좋다."

"진작 왔어야 했는데……."

"지금도 늦지 않았습니다."

함백산(1,527.9m)이다.

대간 마루금이 물결치듯 다가온다.

산안개가 바람에 실려 왔다 사라진다.

서산대사의 시가 생각난다.

"생야부운기(生也浮雲起)

사야부운멸(死也浮雲滅)"

생사가 한 조각 구름이다.

태백 사는 임윤택이 말했다.

"장모님을 모시고 왔었는데 자꾸 사진을 찍어달라고 그래요. 그래서 사진을 한 번만 찍으면 됐지 왜 그러시냐고 했더니, 서울 가서 친구들한테 자랑하려고 그런데요."

시인 정호승은 "꽃씨 속에 숨어있는 어머니를 만나려면 들에 나가 먼저 봄이 되어라"고 했다.

그는 참 착한 사위다.

한 여자가 바위에 앉아있다.

산 풍광과 어우러져 한 폭의 동양화다.

정상은 산악회 사람들로 떠들썩하다.

"저 영감은 자기 말로 백두대간을 열 번했대요. 그런데 왜 저렇게 빨리 가는지 모르겠어요. 저것 좀 봐요. 자기 혼자 가잖아요."

자랑하고 인정받고 싶어 하는 건 본능이다.

과유불급이다. 지나치면 모자람만 못하다.

산안개가 이리저리 흔들린다.

주목 숲과 중함백을 지난다.

김택수가 다리를 절뚝인다.

이동준은 가볍고, 이길상과 허남규는 무겁다.

허남선은 배고프다.

"아, 허기지는데요."

오후 1시를 지나고 있다.

땀이 뚝뚝 떨어진다.

정암터널 위를 지난다.

태백선의 정선역과 추전역 사이에 있는 터널이다. 길이 4,505m, 너비 3.9m, 높이
5.9m의 말굽형 단선 터널이다. 1973년 2월 개통되었으며, 1956년부터 1975년 태백선
공사구간 중 가장 난구간이었다고 한다. 부근에 정암사가 있다.

은대봉(1,442m)이다.

모두 털썩 주저앉는다.

허남규도 따라 앉았다.

"아아아아!"

그가 다리를 잡고 드러누웠다.

신발을 벗기고 약을 뿌리려는 찰나 웬 여인이 나타났다.

"잠깐 비켜보세요. 내 무릎에 발을 올리세요."

그녀가 허남규의 발을 잡아챘다.

정선보건소 물리치료사 심효준이다.

허남규가 금방 회복된다.

그녀의 등장으로 주변이 환해진다.

"효준 씨는 미혼입니다."

"남자분은 결혼했나요?"

"에이, 그럼요."

허남규 얼굴이 붉어진다.

"인생이 풀리려면 저렇게 풀려야 되는데……."

"마치 기다렸다는 듯 여인네가 나타났다."

모두 큰 소리로 깔깔대고 웃었다.

이용춘이 동창을 만났다.

동창은 정선보건소 소장이다.

"야 인마, 너 여기 웬일이냐?"

"너야 말로 웬일이냐?"

백두대간 은대봉은 만남의 광장이다.

삶은 이렇게 인연과 우연으로 얽히고 설켜있다.

싸리재 주막이다.

막걸리가 꿀맛이다.

시장이 반찬이다.

허남선이 말했다.

"이동준, 너무 빨리 간다. 이제부터 뒤에 따라와라."

말 한마디에 선두가 바뀐다.

이제부터 선두는 이용춘이다.

김택수와 허남규는 남겨졌다.

포기는 쉽지만 완주는 어렵다.

백두대간은 자신과의 싸움이다.

막걸리를 먹고 나니 졸음이 쏟아진다.

싸리재 초소에 명함을 건넸다.

금대봉 오르막이다.

땀이 뚝뚝 떨어진다.

금대봉(1,418m)이다.

양강 발원봉 낡은 표지목이 서

있다.

낙동강과 한강, 양강의 발원지

검룡소가 손에 잡힐 듯 가깝다. 발밑으로 두문동재와 두문동터널이 지난다.

> 조선 건국 이후 고려 신하 72명이 조선의 녹을 먹지 않겠다며 벼슬을 버리고 황해도 개풍군 광덕산 기슭에 은거했다. 조정에서는 이들을 밖으로 나오게 하려고 산에 불을 질렀지만 이들은 뜻을 굽히지 않고 불타 죽고 말았다. 그때부터 광덕산 일대를 두문동이라 불렀다. 그런데 72명의 충신 가운데 7명이 태백으로 내려와 함백산 아래 산간 마을에 몸을 숨겼고, 이를 계기로 마을 이름을 두문동이라 했고, 고개 이름은 두문동고개라 부르기 시작했다.
>
> – 태백문화원 발간 《우리 고향 태백》 중에서

쑤아밭령을 지난다.
돌 식탁이 비어있다.
텅 빈 아름다움이다.
산림청의 멋진 아이디어다.

햇볕이 난다.

햇빛이 눈부시다.

비단봉 오르막이다.

이름만 비단이지 길은 영 아니다.

이길상이 처지기 시작한다.

"지금부터 앞장서라."

산악회장 허남선의 명령이다.

앞선 자가 느리니 전체가 느리다.

빠르든 느리든 어차피 가야 할 길이다.

모든 길은 막막하다.

소설가 김훈은 "길은 내 몸으로 밀고나간 만큼만이 길이다"라고 했다.

땀이 뚝뚝 떨어진다. 땀은 어디에서 오는 걸까?

인체의 신비다.

비단봉(1,279m)이다.

표지석이 단아하다.

지나온 길이 낙타등이다.

백두대간 마루금이 번쩍인다.

산은 거대한 거울이다.

"야아! 정말 엄청나네. 우리가 저 길

을 어떻게 걸어왔지? 내가 생각해도 정말 대단하다. 이제 얼마 남았지요?"

"앞으로 3시간."

비단봉을 내려서자 배추밭이 펼쳐진다.

수십만 평 고랭지 귀네미골 배추밭이다.

"어떻게 저 돌밭에 배추를 심었지?"

"고랭지 채소가 맛있는 이유는 밤낮의 일교차가 심하기 때문이야."

사람도 그럴까?

"내 친구 한 명은 배추 재배한다고 투자했다가 3년 만에 다 말아먹고 자살까지 생각했는데 한 해 배추 값이 좋아서 한방에 복구했어요."

배추이야기가 생생하다. 현장은 펄펄 뛰는 생선이다.

배추밭을 가로지른다.

매봉산(1,303.1m)이다.

산안개가 자욱하다.

길상이 땅바닥에 드러누웠다. 동료들도 하나둘 따라 누웠다.

잠자리 떼가 얼굴 위를 빙빙 돈다. 잠자리는 가을의 전령사다.

빙빙빙 가을이 오고 있다.

"야, 이길상!"

"령, 재, 치 중에서 가장 큰 고개는?"

"아이구! 힘들어요. 물어보지 말아요."

"진부령, 미시령, 한계령, 구룡령, 대관령……. 령이 가장 큰 고개다. 고참한테 배워라."

매봉산 풍차가 쉭쉭대며 돌아간다.

바람의 언덕 위에 두 여인이 서 있다.

바람을 타고 화장품 냄새가 강렬하다.

낙동정맥 표지석이다.

조선 말 지리학자 신경준은 산경표에서 우리국토를 1대간, 1정간, 13정맥으로 분류했다.

낙동정맥은 매봉산에서 시작하여 부산 다대포에 이른다.

삼수령까지 1.8km. 다 왔는가 싶었는데 아직도 멀다.

백두대간은 늘 이렇다.

어디 산뿐이랴. 사람살이도 그렇다.

찻소리가 들려온다.

35번 국도가 보인다.

태백과 삼척 하장을 잇는 백두대간 접근로다.

피재(삼수령)다.

삼수령은 해발 935m에 위치한 백두대간 고개다. 낙동강과 한강과 오십천 물줄기가 여기에서 갈라진다.

무려 10시간 만이다.

자부심으로 득의만면이다.

자신과의 싸움에서 이겼다.

긴 싸움 뒤에 편안해 보였다.

오마르 워싱턴의 시가 생각난다.

나는 배웠다.

인생에서 무엇을 손에 쥐고 있는가 보다

누구와 함께 있느냐가 중요하다는 것을,

더 못 가겠다고 포기한 뒤에도 훨씬 멀리 갈 수 있다는 것을,

깊이 사랑하면서도 그것을 드러낼 줄 모르는 이가 있다는 것을,

멀리 떨어져 있어도 우정이 계속되듯 사랑 또한 그렇다는 것을,

결과에 상관없이 자신에게 정직한 사람이 결국 앞선다는 것을‥‥‥.

 ### 산행 후기

2011년 7월 23일. 장맛비를 겨우 피했다. 피했다는 건 인간의 생각이고, 산 탄다고 하느님이 한 번 봐주신 거다. 첫 구간 때보다 긴장감은 덜 했지만 우연과 인연으로 엮어진 역사기행이었다.

산행기를 쓰는 일은 자신을 돌아보는 일이다. 보면 볼수록 부족하고 모르는 것투성이다. "내가 모른다는 것을 아는 데 평생이 걸렸다"는 소크라테스 말이 실감난다.

산행기를 쓰고 나니 막걸리가 먹고 싶었다.

아내에게 한잔하자고 했더니 "아니, 술도 안 먹는 사람이 웬 막걸리냐?"고 눈을 동그랗게 뜨고 쳐다본다.

"다 썼으면 한잔해야지."

"매일같이 책상에 앉아있더니, 하여튼 대단해요."

글은 그야말로 엉덩이로 쓰는 거다.

▶ 3구간 : 피재에서 댓재까지

위치 태백시 적각동 ~ 삼척시 하장면 두타로
코스 피재 ~ 덕항산 ~ 귀네미골 ~ 황장산 ~ 댓재
거리 21km
시간 10시간 반

피재

덕항산

댓재

올곧게 뻗은 나무들보다는
휘어 자란 소나무가 더 멋있습니다.
똑바로 흘러가는 물줄기보다는
휘청 굽어진 강줄기가 더 정답습니다.
일직선으로 뚫린 빠른 길보다는
산 따라 물 따라 가는 길이 더 아름답습니다.

– 시인 박노해 '굽이 돌아가는 길' 중에서

"벌써 산 빛깔이 다르네요."
"역시 절기는 속일 수 없어요."

계절은 빛깔이다.
계절은 소리와 냄새다.

계절은 맨 먼저 소리로 오고, 냄
새로 오고, 빛깔로 온다. 계절은
소리, 냄새, 빛깔의 삼총사다.

강원도 백두대간 제3구간.
새로운 사람이 들어왔다.
장헌역은 울진 사람이다.
그는 섬세하고 꼼꼼하다.
그는 부드럽고 유연하다.

안현주는 세 아이의 엄마다.
그는 도전을 몸소 보여주었다.
그는 유약한 남자들을 부끄럽게 만들었다.

이상욱은 젊다.

그의 몸은 예술이다.

그는 힘차고 씩씩하다.

조철묵은 예순이다.

그는 1차 종주에 함께한 선배다.

그는 순수하며 화끈한 베드로다.

권주호는 맑다.

그는 새색시처럼 수줍다.

그는 달리며 풀어내는 마라토너다.

소설가 김별아는 말했다.

"자연은 평등한 공간이다. 돈을 싸 짊어지고 계급장을 달고 올 수도 없는 산에서는 어른과 아이의 분별은 무의미하다."

사람들은 나를 대장이라 부르지만, 백두대간엔 돈도 계급장도 소용없다.

자신의 의지와 자신의 걸음으로 묵묵히 나아갈 뿐이다.

삼수령(피재)이다.

비가 온다.

세차게 쏟아진다.

그래도 모두 활기차다.

"자, 출발하겠습니다. 26km, 12시간의 대장정입니다. 탈출로는 곳곳에 있으니 힘들면 중간에 내려가도 좋습니다. 백두대간은 자신과의 싸움입니다. 끝까지 함께하여 완주의 기쁨을 맛보기 바랍니다."

숲길이 펼쳐진다.
숲은 피톤치드 절정이다.
삼삼오오 짝을 짓는다.
짝은 언제나 자연스럽다.

두 남자가 앞서간다.
허남선이 말했다.
"빠르다고 빠른 게 아니고 느리다고 늦은 게 아니다. 살다 보면 신호등 앞에서 다 만난다."
"아니, 저 길로 가면 안 될 것 같은데?"
권주호의 지적에 갈림길에서 생각 없이 앞서 가던 자들이 되돌아 왔다. 방향이 한 번 어긋나면 가던 길을 되돌아와야 한다.
사는 일도 그렇다. 갈림길에 섰을 때 당신의 멘토, 당신의 나침반은 누구인가?

길이 말랑말랑하다.
낙엽이 푹신푹신하다.
낙엽 냄새가 된장찌개다.
비가 그쳤다. 비옷을 벗었다.
삶은 입고 벗는 일의 연속이다.

벗고 내려놓아야 할 건 옷만이 아니다.

"나는 정선에서 세 번이나 근무했어요. 정선은 나에게 정말 각별한 곳입니다."

메주와 첼리스트, 사북 탄광촌 이야기 등 장헌역은 정선과의 인연을 길게 말했다.

그에게 정선은 제2의 고향이다.

건의령(巾衣嶺)이다. 유래비가 서 있다.

고개 밑으로 태백 상사미 마을이 포근하다.

> 건의령은 태백 상사미에서 삼척 도계로 넘어가는 고갯길이다. 고려 말 때 삼척으로 유배 온 공양왕이 궁촌에서 살해되자 고려의 충신들이 이 고개를 넘으며 다시는 벼슬 길에 나서지 않겠다고 다짐하며, 태백산 등으로 몸을 숨겼다고 한다. 그들이 이 고개에서 관모와 관복을 벗어 나무에 걸었다고 하여, 관모를 뜻하는 건(巾)과 의복을 뜻하는 의(依)를 합쳐 건의령이라고 부르게 되었다.

이상욱이 막걸리를 꺼냈다.

국순당 막걸리다. 국순당은 강원도 기업이다.

막걸리 맛이 차고 달다.

백세주 성공신화 국순당 회장 배상면은 그의 저서《도전 없는 삶은 향기 없는 술이다》245~246페이지에서 막걸리 개발에 얽힌 일화를 이렇게 털어놓았다.

"나는 이런저런 방법을 골똘히 궁리하다가, 생각이 벽에 부딪히면 책을 펴서 종국 제조법을 수없이 읽고 또 읽곤 했다. …… 옛말에 백 번 되풀이하여 읽으면 그 뜻을 저절로 깨친다는 구절이 있다. 나는 책을 수없이 되풀이하여 읽으면서 이 말의 위력을 실감했다. …… 어느 날이었다. 새벽 2시쯤 잠이 깬 나는 졸아드는 가슴을 안고 인큐베이터에 다가갔다. 배양실 속을 관찰하던 나는 가슴이 찌르르한 감동을 느꼈다. 놀랍게도 가지가 위로 뻗은 하얀 빛깔의 포자가 착생(着生)을 시작하고 있지 않은가. 야, 성공이다! 내 평생의 연구생활에 지대한 영향을 끼친 마음가짐이 결정되는 순간이었다."

조철묵이 딴죽을 걸었다.

"아니, 산에 술 먹으러 왔어요?"

장헌역이 응수했다.

"술 한 잔은 혈액 순환에 좋아요. 한잔 마셔 봐요."

푯대봉으로 향했다.

무덤이 나타난다.

벌초를 대충했다.

허남선이 말했다.

"아니, 이거 완전히 5만 원짜리네. 누가 했는지 감사 한 번 해봐야겠네."

바람을 타고 산안개가 몰려온다.

산은 금세 안개에 휩싸였다.

바람소리가 숲을 스친다.

쏴아아~ 쏴아아~

바람소리가 파도소리다.

"야! 버섯이다."

"싸리버섯이네. 싸리버섯은 독이 있어
요. 삶아서 물에 담가놔야 해요."

산길 곳곳에 싸리버섯 지천이다.

"능이도 좀 있겠는데요."

"능이버섯은 북서쪽 8부 능선에 주로 많아요. 백두대긴만 이니라면 능이
좀 따겠는데요. 일 능이 이 표고 삼 송이라고 하잖아요."

조철묵이 아쉬워한다.

조철묵은 양구 사람이다.

산나물과 '버섯 박사'다.

이동준이 하얀 버섯을 들고 왔다.

"이거 노루궁뎅이 아니에요?"

"아! 그거 노루궁뎅이 맞아요."

"암 환자한테 무척 좋다는데요."

이동준은 평창 사람이다.

그는 특공대 출신이다.

천리행군, 마라톤 등 걷고 뛰는 일에 이골이 난 산골사람이다.

"저는 아버지가 일찍 돌아가셔서 어릴 때부터 산에 나무하러 많이 다녔어
요. 그래서 산나물을 좀 알아요."

그는 홀어머니와 함께 가난과 궁핍의 시간을 지나왔다. 그는 버텨내는 힘
이 남다르다. 삶은 버텨내는 일이다.

노루궁뎅이도 착한 사람을 알아본다.

바람이 분다.

바람이 시원하다.

바람은 어디에서 와서 어디로 가는 걸까?

몸 바람은 일어나고 산바람은 불어온다.

남자나 여자나 바람이 나면 잡기 어렵다.

바람은 바람으로 잡아야 한다. 바람난 자에겐 백두대간 숲이 명약이다.
숲은 '바람치료 전문의'다.

잡목지대를 지난다.

잡목이 팔다리를 잡아챈다.

나무에 묻어있던 빗물이 후드득 떨어진다. 얼굴과 머리카락이 온통 빗물

이다. 백두대간 빗물 샤워다.

밥을 먹는다.

밥은 생명이다.

살아있는 것들에게 먹는 일은 눈물 나는 일이다.

소설가 김훈은《칼의 노래》1권 50~54페이지에서 '끼니'에 대하여 이렇
게 적었다.

"전투가 없어도 끼니는 돌아왔고, 모든 끼니는 비상한 끼니였다. …… 배
고픈 장졸들을 모아놓고 임금의 교서를 읽어주던 날도 끼니는 어김없이
돌아왔다. 죽은 부하들의 시체를 수십 구씩 묻던 날 저녁에도 나는 먹었
다. …… 끼니는 돌아왔고, 나는 말없이 먹었다."

밥을 나누고 반찬을 나눴다.

뭐든지 나눠야 맛있다.

산에서 배우는 건 나누고 베푸는 삶이다.

반찬은 김치와 마른 김이다.

고추와 고추장도 있다.

고추가 맛있다.

이홍주가 말했다.

"고추 하나만 있어도 밥을 먹겠네요. 나도 이제부터는 고추를 가져와야
겠어요."

이홍주는 원주 사람이다.

그에게선 무관 냄새가 난다.

조폭 잡는 형사 냄새다.

다시 출발이다.

작고 큰 무명봉을 지난다.

비가 억수로 쏟아진다.

스페인 속담이 생각난다.

"항상 날씨가 좋아서 햇볕만 내리쬔다면 그 땅은 언젠가 사막이 될 것이다."

몸이 비에 젖는다.

걸음이 느려진다.

안현주가 서 있다.

"아니, 왜 그래요?"

"다리가 아파서요. 먼저 올라가세요."

"무릎을 걷어 보세요."

파스를 바르고 뿌렸다.

허남선이 말했다.

"괜히 백두대간하자 그래가지고. 누가 그랬어? 그 사람 나쁜 사람이야."

이용춘이 말했다.

"그래, 맞아! 내가 나빠."

빗속에서 웃음꽃이 하얗게 피어난다.

백두대간 종주는 자신과의 싸움이다.

극한상황을 극복해가는 수행의 과정이다.

백두대간에서 패자는 없다.

백두대간에선 모두가 승자다.

안개 숲을 지난다.

소나무 군락이다.

소나무 열병식이다.

"야! 여기서 영화촬영해도 되겠다."

소나무 사진작가 배병우가 생각난다.

바람소리가 천둥치듯 나무를 뒤흔든다.

오후 1시.

구부시령이다.

유래를 소리 내어 읽었다.

구부시령(九夫侍嶺)은 태백 하시미동 외나무골에서 삼척시 도계읍 한내리로 넘어가
는 고개다. 옛날 하사미고개 동쪽 땅에 기구한 팔자를 타고난 여인이 살았는데 서방만
얻으면 죽고 또 죽고 하여 무려 아홉 서방을 모셨다고 한다. 아홉 서방을 모시고 산 여
인의 전설에서 구부시령이라고 하였다.

"여자가 얼마나 힘이 좋았으면 아홉 남자를 거느렸을까?"

구부시령 돌탑

"저 여자는 정말 팔자가 기구하네."

누구는 힘을 생각했고, 누구는 팔자를 생각했다.

같은 사물을 보더라도 이렇게 생각이 다르다.

서로 다름을 인정하고 받아들여야 한다.

비가 세차게 쏟아진다.

옷과 배낭에서 물이 뚝뚝 떨어진다.

일흔 나이에 백두대간 종주 산행에 나섰던 전 코리안 리 사장 박종원은 《야생으로 승부하라》에서 이렇게 말했다.

"우중에 산길을 걷다 보면 처음에는 비를 좀 덜 맞아보려고 애를 쓰게 된다. 처음에는 비를 적게 맞으려고 나무 밑으로 다니고, 발을 디딜 때도 웅덩이를 피하려고 이리저리 분주해진다. 그러나 비를 피하면서 산길을 걷는 게 사실은 무척 힘들다. 진탕 길 피하랴, 배낭을 비닐로 감싸서 젖지 않게 하랴, 모자를 당겨 써 머리를 보호하랴 신경 쓸 일이 한두 가지가 아니다. …… 하지만 그렇게 몇 시간 걷다 보면 모든 게 허사라는 걸 알게 된다. 아무리 애쓰고 조심해도 속옷과 양말까지 흠뻑 젖어버린다. 그 이후에는 오히려 속도가 평소보다 더 빨라진다. 철저하게 망가지면 '이제 더 이상 지킬 게 없다'는 생각으로 걷는 데 집중하게 되어 발길이 빨라지는 것이다.”

그런 일이 어디 산뿐이랴?

앞서 가던 이홍주가 말했다.

“사람이 살면서 비도 맞아보고, 눈도 맞아보고, 눈물 젖은 빵도 먹어봐야 인생을 알게 된다. 백두대간도 마찬가지다.”

“와아아! 고수네, 고수야!”

체면을 벗어 던져야 새로운 길이 열린다.

오후 2시.

덕항산(德項山)이다.

덕항산은 태백 하사미와 삼척 신기면과의 경계에 솟아 있다. 옛날 삼척 사람들은 이 산을 넘어오면 화전을 할 수 있는 편편한 땅이 많아 덕메기산이라고 하였다. 산 전체가 석회암으로 되어 있고, 산 밑에는 유명한 환선동굴과 크고 작은 석회 동굴이 분포되어 있다.

발밑이 환선굴이다.

환선굴은 길이 6.5km, 높이 30m, 폭 100m다.

생성 연도 5억 3천만 년 된 동양 최대의 동굴이다.

부부가 올라온다.

표정이 드러난다.

여자는 마뜩찮고, 남자는 씩씩하다.

"환선굴에서 여기까지 얼마나 걸렸어요?"

"1시간 반 정도."

귀찮다는 표정이다.

이럴 땐 더 이상 말을 붙이면 안 된다.

비 맞은 몸이 축축하다. 다들 여기서 중단하고 그냥 내려갔으면 하는 표정이다.

이용춘이 말했다.

"그냥 환선굴로 내려가서 구경이나 실컷 하고 갔으면 좋겠다."

"그러면 지금 내려가서도 됩니다."

"야아아! 냉정하네. 대장이 너무하네."

사실, 나도 내려가고 싶지만 순결한 전장에서 포기는 없다.

이럴 때마다 대장은 흔들린다.

산철쭉이 모여 있다.

"철쭉 군락이네."

"철쭉이 왜 모여 있지?"

"힘이 약하니까 그렇겠지. 사람이나 나무나 약한 놈들은 서로 모여살고, 힘센 놈들은 각자 따로 산다."

횡성 공근 사람 석용환의 '나무철학'이다.

그는 대추방망이다.

그는 '유머 박사'다.

유머의 힘은 강하다.

귀네미골 가는 길.

풀이 우거져 길이 보이지 않는다.

나는 선두에서 길을 뚫었다.

선두는 외롭다.

고독은 모든 리더의 숙명이다.

나뭇가지가 얼굴을 할퀴고, 배낭을 잡아챈다.

얼굴에서 빗물이 뚝뚝 떨어진다.

신발 안에 물이 질퍽거린다.

사람들이 하나둘 지쳐간다.

귀네미골이다.

광동댐 이주단지다.

수십만 평 배추밭이다.

배추밭이 안개에 덮여있다.

안개의 끝이 보이지 않는다.

보이지 않는 길을 오감으로 더듬었다.

앞선 자의 부담이 산처럼 느껴진다.

나도 이럴 땐 포기하고 싶다.

모든 리더는 고독으로 아프다.

고독은 완장 찬 자의 숙명이다.

슬픔을 달래주려 하기보다는

가만히 안아주기만 하는 사람.

위로와 충고를 먼저 건네기보다는

귀 기울여 얘기를 들어주는 사람.

넋두리 하나하나, 시름 걱정 하나하나

보듬어 살펴 조금씩 풀어줄 것만 같은 사람.

그러다가 어깨 한 번 툭 쳐주며

'나도 그래' 하며

씨익 웃어줄 것만 같은 그런 사람.
어디 그런 사람 난 없나요.

- 故 김광석의 '어디 그런 사람 없나요' 중에서

나는 곧 닥쳐올 어둠이 두렵다.
미끄럽고 어두운 하산 길이 두렵다.
4년 전 아들과의 추억이 떠오른다.
그때 이곳에서 길을 잃고 헤맸다.
안개 속으로 실루엣이 나타난다.
포장길을 지나는 후배 표정이 밝다.

큰재 가는 길.
걸음이 느려진다.
길 따라 그냥 내려가고 싶다.
말을 안 해 그렇지 다들 마찬가지다.

그러나 진짜 고비는 이제부터다.

오후 4시 반.
큰재다.
황장산 4.4km, 댓재까지 2시간 반
이다.
기온이 뚝 떨어진다.
마음이 급해진다.
모두들 안간힘을 다해 산안개를 뚫고 올라온다.

풀이 우거져 길조차 희미하다.
황장산을 향해 길을 뚫었다.
속보로 가다 서다를 반복했다.
멘토와 멘티가 만들어진다.
안현주는 허남선이 멘토고, 이홍주와 이길상은 이동준이 멘토다.
임윤택과 이용춘은 표정 없이 묵묵하고. 장헌역과 석용환은 내색 없이 강
고하다.

무릎 통증이 엄습하고 기력도 떨어진다.
그들은 지금 무슨 생각을 하고 있을까?

산다는 일은
더 높이 오르는 게 아니라

더 깊이 들어가는 것이라는 듯
평평한 길은 가도 가도 제자리다.
아직 높이에 대한 선망을 가진 나에게
세속을 벗어나도 세속의 습관이 남아있는 나에게
산은 어깨를 낮추며 이렇게 속삭였다.
산을 오르고 있지만 내가 넘는 건 정작
산이 아니라 산 속에 갇힌 시간일 거라고…….
                    − 시인 나희덕의 '속리산' 중에서

오후 6시 30분.
황장산(1,059m)이다.
어둠이 깔리기 시작한다.
땀이 식자 오한이 난다.
이빨이 덜덜 떨린다.
뒤에 오는 사람을 기다리며 제자리 뛰기를 반복했다.

허남선과 안현주가 도착했다.

머리와 얼굴에서 빗물이 뚝뚝 떨어진다.

그녀가 말했다.

"백두대간이 애 낳는 것보다 더 힘들다."

세 아이 엄마 안현주의 인간승리다.

해보지도 않고 말만 많은 남자들이여, 그녀의 도전과 성취를 보라.

모든 도전은 일단 해보는 데 있다.

구슬이 서 말이라도 꿰어야 보배다.

어둠이 산을 덮는다.

산은 금세 칠흑이다.

이홍주와 이길상은 힘들었다.

이동준, 석용환, 조철묵은 끄떡없다.

이홍주가 외쳤다.

"와아아! 황장산이다. 이제 살았다."

"이제부터는 하산 길입니다. 처음 30분, 마지막 30분이 중요합니다. 랜턴을 꺼내세요. 길이 미끄럽습니다."

조심조심 길을 더듬었다.

부자대간(父子大幹) 종주 때 이곳에서 잃어버린 사진기가 생각난다.

아들의 애틋한 모습이 떠오른다.

그날 폭포처럼 쏟아지던 맷재 밤하늘의 별빛도 떠오른다.

"콰당탕!"

이홍주가 휘청했다.

나무를 잡고 빙 돌면서 엉덩방아를 쿵 찧었다.

물 먹은 돌을 밟았다.

"괜찮아요?"

"큰일 날 뻔 했네요."

사는 일도 비슷하다.

언제든지 긴장이 풀리면 다치거나 병이 생긴다.

약간의 긴장, 약간의 스트레스는 건강 유지에 필수다.

멀리 불빛이 보인다.

찻소리가 들려온다.

댓재가 지척이다.

저녁 7시 20분.

댓재다.

불빛이 따뜻하다.

힘이 쑥 빠져나간다.

순간 현기증이 났다.

완장을 벗었다.

서로서로 부둥켜안았다.

눈물이 났다. 감사의 눈물, 안도의 눈물이다.

불빛 사이로 숲과 나무들이 편안해 보였다.

산행 후기

하장우체국 남호우, 김미래 부부는 하산을 기다렸다. 초저녁부터 황장산을 쳐다보며 눈이 빠지게 기다리고 기다렸다.

하장에서 가장 맛있는 삼겹살집에 저녁 준비를 해놓고, 댓재 너머 삼척항에 가서 문어도 사가지고 왔다. 담근 술도 준비했다. 우리는 환대에 감동했고, 소주와 삼겹살을 먹으며 이 순간 살아있음에 감사했다.

배려와 환대에 머리 숙여 고맙고 감사한 마음을 전한다.

▶ 4구간 : 댓재에서 이기령까지

위치 삼척시 하장면 ~ 동해시 이기동
코스 댓재~ 두타산 ~ 청옥산 ~ 고적대 ~ 이기령
거리 21km
시간 11시간

사랑하는 사람아.

이 가을날 억새꽃

휘젓는 긴 산바람 자락에

은빛 플룻이 절로 울리는

저 별빛으로 퉁겨나는 소리를 듣느냐?

저문 산녘 역광 속에

금물결 이루는 풀잎새와,

이 세상의 산꽃이란 산꽃은

모조리 계절과의 마지막 인사를 하듯

그렇게 쓸쓸하면서도 외롭지만은 않은,

마음 한 자락 비워내고 있느냐?

　　　　- 시인 박영식 '사랑하는 사람아' 중에서

"일단 가보시면 압니다. 뭐라고 얘기를 할 수가 없네요."

처음은 두렵다. 처음은 설렌다.

두타 청옥 고적대로 이어지는 마루금은 백두대간 중에서도 손꼽히는 아름다운 구간이다.

사람들은 힘들이지 않고 아름다운 것만 보려고 한다.

세상에 힘들이지 않고 얻은 것은 금세 사라진다.

권석명과 박일룡은 처음이다.

권석명은 길과 시간에 대해 자주 물었다.

그는 물음으로써 두려움을 떨쳐내려 애썼다.

길은 언제나 그대로이고, 고통의 강도는 걷는 시간에 비례할 것이었다.

박일룡은 네파(Nepa) 브랜드로 무장했다.

그의 몸은 모델이다.

나는 그의 몸이 부럽다.

허남선은 아들 근영이 사준 스마트폰을 들고 왔다.

그는 어린아이처럼 좋아했고, 유머로 분위기를 이끌었다.

장헌역은 배낭에 사과를 담아 왔다.

"이거 사람 수대로 가져왔어요."

사과 한 알에 마음이 담겨있다.

이용춘은 책을 들고 왔다.

그는 말없이 책만 본다.

책 속에 길이 있다.

중국의 사상가 이탁인은 "산천을 유람하는 것과 좋은 책을 읽는 것은 같다"라고 했다.

함백 휴게소다.

백구 한 마리가 서있다.

백구 주인이 말했다.

"저놈 옆구리 살점이 깊이 패였어요. 밤에 산짐승이 내려와 싸우다가 물렸어요. 아마도 산돼지한테 물린 것 같은데 무척 아플 거예요."

백구에게 이승은 전쟁터다.

산다는 건 눈물 나는 일이다.

오전 8시 20분.

댓재다.

고요하고 청명하다.

날씨도 축복이다.

원형문이 나타났다.

그는 동해 사람이다.

그는 수줍고 어눌하다.

얼굴에 부처가 들어있다.

햇댓등이다.

숨을 고른다.

숲에 들면 착해진다.

숲에 들면 어린아이다.

숲이 주는 피톤치드 효과다.

장헌역이 복분자를 꺼냈다.

복분자에 정력이 숨어있다.

그가 말했다.

장헌역

"이번엔 어떻게 여자가 한 사람도 없어요? 다음부터는 여자 한 명씩 데리고 옵시다."

허남선이 말했다.

"안현주 효과다. 안현주가 백두대간이 애 낳는 것보다 더 힘들다고 했다. 지난번은 힘들었지만 이번은 괜찮은데 함께하지 못해 아쉽다."

장헌역이 다시 말했다.

"내가 부산 살 때 김굉태라는 분이 있었어요. 올해 마흔여섯 살 총각인데 설악산을 100회나 다녀올 정도로 설악산 광이다. 우스갯소리로 자기는 설악산과 결혼했다고 했어요. 그는 설악산이 있는 속초에서 근무하고 싶다고 했는데, 아직까지 부탁을 들어주지 못하고 있어요."

두타산으로 향했다.

두타가 모습을 드러낸다.

산길은 동고서저(東高西低)다.

허남선이 말했다.

"나는 대동여지도를 만든 김정호가 정말 대단하다고 생각해. 그때 당시는 길도 험하고 신발도 제대로 없었을텐데……. 조상들 고생한 걸 생각하면 지금 우리는 아무것도 아니야."

앞선 자와 간격이 벌어진다.

"좀 천천히 가자고 그래요."

"괜히 그러지 말고 앞에 가는 놈 한 놈만 바꿔. 한 놈만 바꾸면 전체가 편해져."

앞선 자는 욕먹고, 뒤선 자는 툴툴댄다.

그래서 중간만 가라고 하는가보다.

다시 휴식이다.

장헌역이 인삼주와 사과를 꺼냈다.

"베풀면 가벼워진다."

이용춘의 명언이다.

산에 오면 기꺼이 내어 놓는다.

내어 놓으면 가벼워진다. 자선은 남이 아니라 결국 나를 위한 일이다.

…… 나도 그대에게

무엇을 좀 나눠주고 싶습니다.

내가 가진 게 너무 없다 할지라도,

그대여, 저녁 한때에 낙엽 지거든 물어보십시오.

사랑은 왜 낮은 곳에 있는지를.

　　　　　 − 시인 안도현의 '가을 엽서' 중에서

오전 11시 10분.

두타산(1,352.7m)이다.

동해와 시가지가 한눈에 들어온다.

두타산 정상

바람을 타고 산 물결이 파도친다.

두타(頭陀)는 버린다. 닦는다. 떨어뜨린다. 씻는다는 뜻이다. 두타행은 출가 수행자가 세속의 모든 욕심이나 속성을 떨쳐버리고 몸과 마음을 깨끗이 하고 고행을 참고 견디는 것을 말한다. 두타산성은 높이 1.5m, 길이 2.5km로서 신라 파사왕 23년(102)에 신라가 실직국을 병합한 뒤 처음 성을 쌓았으며, 조선 태종 14년(1414)에 삼척부사 김맹손이 축조하였다고 전해진다. 두타산성 일대는 한국전쟁 뒤에 끝까지 남아서 저항하던 빨치산의 근거지가 되기도 하였다.

– 2008년 11월 8일자 〈강원도민일보〉 중에서

박일룡이 문어와 초장을 꺼냈다.
이길상은 양주를 꺼냈다.
사람들이 모여든다.
술과 회가 금세 동이 난다.
술 맛이 꿀맛이다.

아들이 생각난다.
부자대간 종주 때 이 자리에서 아들을 내려 보냈다.
아들은 하산해서 집으로 갔고, 나는 홀로 이기령 바람소리를 들으며 어둠을 건넜다.
그날 나는 많이 아팠고 깊이 울었다.

두타산은 고향 산이다.
내 고향은 동해 묵호다.

소설가 심상대는 《묵호를 아는가?》에서 묵호와 묵호 사람들에 대해 이렇게 썼다.

"묵호는 술과 바람의 도시다. 그곳에서 사람들은 서둘러 독한 술로 몸을 적시고 방파제 끝에 웅크리고 앉아 눈물 그렁그렁한 눈으로 먼 수평선을 바라보며 토악질을 하고, 그러고는 다른 곳으로 떠나갔다. 가끔은 돌아온 이도 있었다……. 문득 무언가 서러움이 복받쳐 오르면 그들은 이 도시를 기억해냈다. 바다가 그리워지거나 흠씬 술에 젖고 싶어지거나 엉엉 울고 싶어지기라도 하면 사람들은 허둥지둥 이 술과 바람의 도시를 찾아나서는 것이었다. 그럴 때면 언제나 묵호는, 묵호가 아니라 바다는 저고리 옷가슴을 풀어헤쳐 둥글고 커다란 젖가슴을 꺼내 주었다."

박달령 내리막이다.

청옥산이 눈앞이다.

청옥산! 이름이 참 예쁘다.

두타는 남자, 청옥은 여자다.

"5분 쉬겠습니다."

"10분 쉽시다. 왜 이렇게 짜? 우리 대장이 엄청 짜네."

선배 장헌역의 이의제기다.

완장은 가볍고 책임은 무겁다.

백두대간은 시간과의 싸움이다.

욕 먹는 건 모든 리더의 숙명이다.

이동준이 말했다.

"이번에도 지난번처럼 재밌어야 하는데."

고통과 기쁨은 동전의 양면이다. 고통을 재미로 생각하는 그의 긍정이 부럽다.

청옥산 오르막이다.

오르막은 힘들다.

앞선 자가 느리니 모두 느리다.

박일룡이 힘들다.

"하도 아름답다고 해서 따라왔는데 백두대간 정말 장난 아니네요."

어디 산뿐이랴?

만만한 산도 없고 만만한 사람도
없다.

한줄기 바람이 불어온다.

몸이 시원하니 마음도 시원하다.

박일룡

청옥산(靑玉山, 1,403.7m)이다.

청옥산은 '해동삼봉' 중의 하나다.

'청옥이 발견되고 약초가 자생한다'고 했지만 청옥산에 청옥은 없다.

두타산이 보인다.

두타를 보려면 두타 밖으로 나와야 한다.

조직에 있을 때는 조직 모습이 보이지 않는다.

집에 있을 때는 집이 얼마나 좋은 곳인지 모른다.

북쪽은 고적대, 남쪽은 두타산이다.

도시락을 꺼냈다. 밥과 반찬을 펼쳤다.

김밥과 계란말이, 더덕무침, 오이, 방울토마토 등등.

술의 힘은 대단하다.

술 한 잔에 긴장이 풀어진다.

분위기가 넉넉하고 여유롭다.

그들의 여유가 부럽고 두렵다.

권석명이 말했다.

"여기 오기 전에 길상이가 얼마나 겁을 줬는지 몰라요. 와 보니 별거 아닌데 말이야."

갈 길이 먼데 나는 저들의 겁 없음이 두렵다. 풍광에 취해 다들 여유만만이다.

연칠성령 내리막이다.

북평항이 눈앞이다.

바다에 큰배가 떠있다.

이용춘이 말했다.

"구름위에 배가 떠 있네."

그의 직관과 감성이 놀랍다.

이동준이 말했다.

"오늘 경치 정말 좋다. 설악산 저리가라다."

문득 아름다운 것과 마주쳤을 때

지금 곁에 있으면 얼마나 좋을까 하고

떠오르는 얼굴이 있다면 그대는 사랑하고 있는 것이다.

그윽한 풍경이나 제대로 맛을 낸 음식 앞에서

아무도 생각하지 않는 사람. 그 사람은 정말 강하거나

아니면 진짜 외로운 사람이다……

– 시인 이문재의 '농담' 중에서

연칠성령이다.

연칠성령의 옛 지명은 난출령(難出嶺)이다.

예로부터 삼척군 하장면과 동해시 삼화동을 오가는 곳으로서 산세가 험준하여 난출령(難出嶺)이라고 불렀다. 이 난출령 정상을 망경대라고 불렀는데 인조 원년 이름난 재상 택당 이식 선생이 이곳에 올라 서울을 바라보며 마음을 달래던 곳이라 전해진다.

원형문이 무릉계곡으로 하산한다.

무릉계곡은 험하고 가파르다.

그와 악수를 나눴다.

그의 손이 따뜻하다.

마음이 전해진다. 이심전심이다.

고적대로 향했다.

고적대는 가파르다.

가파르면 멋있다.

멋 안에 위험이 숨어있다.

하늘은 파랗고 단풍은 빨갛다.

가을은 형형색색 파노라마다.

고적대(高積臺)다.

고적대는 동해, 삼척, 정선의 분수령을 이루며, 두타, 청옥, 고적대를 합쳐서 '해동삼봉'
이라 부른다. 신라시대 의상대사가 이곳에서 수행했다고 한다.

허남선이 말했다.

"나도 절에 다니지만 의상이 곳곳
에 안 뿌려 놓은 데가 없어요."

허남선

의상은 부처의 마음으로 민초(民
草)와 함께 울고 웃으며 그들의 눈물과 상처를 보듬어주었던 큰스님이다.

사방이 확 트인다.

일망무제다.

입이 딱 벌어진다.

두타와 청옥이 낙타등이다.

산 능선이 물결치듯 다가온다.

이 순간 살아 있다는 게 은총이다.

칼럼니스트 조용헌은 〈조선일보〉 '조용헌 살롱'에서 이런 느낌을 두고 '**마운틴 오르가슴**'이라고 했다.

나는 지금 산에서 '마운틴 오르가슴'을 느끼고 있다.

고적대 내리막이다.

권석명이 절뚝인다.

무릎에 파스를 발랐다.

"효과가 좀 있어요?"

"마취 효과지요. 길상이가 왜 파스를 가지고 오라고 그랬는지 알겠어요."

아무리 얘기해줘도 소용없다.

뭐든지 직접 겪어봐야 안다.

산에서는 경험이 중요하다.

선답자의 조언은 황금이다.

조언 안에 경험이 들어있다.

갈미봉 가는 길.

잡목지대가 계속된다.

잡목이 배낭을 잡아챈다.

얼굴을 할퀴고 옷을 잡아챈다.

길은 있으나 보이지 않는다.

잡목을 헤치니 길이 나온다.

장헌역, 이동준, 석용환

장헌역이 말했다.
"최종만 선배는 백두대간이 망가지기 전과 후의 사진을 찍어서 기록으로 남기겠다고 했어요."
최종만은 백두대간 1차 종주 때 대장이다.
그는 강릉 사람이다. 그는 맑고 소탈하다.
깊은 산 금강소나무다. 별명은 '쌍칼'이다.

오후 4시 반.
기온이 떨어진다.
해가 넘어가기 시작한다.
잡목 숲이 이어진다.

갈미봉(1,260m)이다.
지나온 길이 석양에 반짝인다.

산은 큰 거울이다.
두타와 청옥, 고적을 잇는 마루금이 한 줄이다.
"와아아! 우리가 저 길을 걸어왔단 말이야? 그리고 보면 사람의 힘이 정말 대단한 거야."

휴식이다.

대화가 이어진다.

권석명은 봉화 사람이다.

그의 부친은 백두대간 도래기재 부근 우구치리에서 금광을 운영했다.

권석명

부친은 그에게 가업을 이으라고 했으나 그는 다른 길을 갔고, 부친의 사업은 기울었다.

그는 2군단 군수처 시절 얘기를 재미있게 했다.

이용춘은 우스갯소리로 그를 부관이라고 불렀다.

소설가 심상대는 "지성의 궁극적인 목적은 유머다"라고 했다.

이기령 가는 길.

마가목 열매가 지천이다.

나무와 나무가 붙어있다.

도토리나무와 단풍나무다.

허남선이 말했다.

"단풍나무는 새색시 같고, 도토리나무는 우리 엄니 같다."

도토리나무 열매는 비바람을 견뎌낸 인고의 산물이다.

도토리를 보며 늙은 엄니를 생각한 그는 착한 아들이다.

"어, 이거 뭐야?"

참나무에 버섯이 붙어있다.

"향기가 나는데요!"

"아! 노루궁뎅이다."

노루궁뎅이! 이름이 예쁘고 재밌다.

버섯 이름을 노루궁뎅이에 비유한 조상들의 유머와 지혜가 놀랍다.

날이 저문다.

세상은 저물어 길을 지운다.

나무들 한 겹씩 마음을 비우고

초연히 겨울로 떠나는 모습.

독약 같은 사랑도 문을 닫는다.

인간사 모두가 고해이거늘

바람은 어디로 가자고 내 등을 떠미는가.

상처 깊은 눈물도 은혜로운데

아직도 지울 수 없는 이름들

서쪽 하늘에 걸려

젖은 별빛으로 흔들리는 11월.

　　　　　- 소설가 이외수의 '11월' 전문

오후 6시.

이기령이다.

기다린다고 했던 차가 보이지 않는다.

전화가 불통이다.

전파가 끊어졌다.

당황했다.

"어디로 가야 돼요?"

지도를 펼치고 나침반을 꺼냈다.

방향은 확실했고, 나는 단호했다.

"부수베리 마을은 이쪽입니다. 차가 보일 때까지 걸어갑시다."

이동준과 이길상이 앞장섰다.

임도를 따라 빠르게 걸었다.

땅거미가 지자 어둠이 몰려왔다.

기온이 뚝 떨어졌다.

춥다. 으슬으슬 한기가 파고든다.

빛과 소리, 전파가 모두 끊어졌다.

문명과의 단절이다. 문명은 공해다.

우리가 얼마나 많은 빛과 소리와 전파의 공해 속에서 살고 있는지 돌아보게 된다.

"월! 월! 월! 월!……."

가까이에서 개 짖는 소리가 들린다.

멧돼지 소리다. 머리털이 쭈뼛 선다.

원방재 갈림길이다.

20사단 작전병 출신 허남선이 말했다.

"임도를 따라가면 마을이 나와요. 걱정하지 말고 나만 따라와요. 군대 있을 때 다 해봤어요."

남자들은 군대 얘기만 나오면 신난다.

연락이 왔다.

"방금 기사와 연락이 됐어요. 버스가 부수베리 마을에서 이기령으로 올라오다가 산림청 바리케이드에 막혀서 올라오지 못하고 있답니다. 기사가 버스를 세워두고 이기령까지 걸어 올라와서 기다리다가 깜깜해져서 어쩔 수 없이 내려갔다고 합니다."

캄캄한 길을 빠르게 걸으며 장헌역이 말했다.

"아직도 이런 원시가 있다는 게 믿어지지 않아요. 나도 강원도 오지란 오지는 거의 다 다녀봤는데 아직도 이런 데가 있다는 게 이해가 안 돼요."

무엇이든지 맛보고, 걸어보고, 느껴보지 않으면 모른다.

길은 머리가 아니라 몸으로 느끼는 것이다.

박일룡은 이따금씩 하늘을 쳐다봤다.

"저기 북두칠성과 카시오페이아자리가 보이네요. 밤하늘 별자리를 쳐다본지가 언젠지 모르겠네요. 나는 그동안 그냥 앞만 보고 살아왔어요……."

그만 아니라 대부분 그렇게 산다.

그래도 백두대간이 있어 숨통이 트이는 거다.

별을 보며 함께 걸으니 참 좋다.

저녁 7시 반.

멀리서 차 불빛이 보인다.

정선군 임계면 부수베리 마을 임도다.

길이 불빛과 맞닿아 있다.

불빛이 따뜻하다.

안도했다. 표정이 환하다.

원시에서 문명으로 돌아왔다.

백두대간 기사 김완선이 따끈따끈한 커피
를 건네준다.

김이 모락모락 올라온다.

커피 안에 마음이 담겨있다.

감동이 밀려온다. '백두대간 감동커피'다.

핸드폰을 열었다.

안테나가 곧추선다.

세상과의 소통 신호다.

후배가 전화를 걸어왔다.

이홍주와 전금남이다.

가슴이 뭉클하다.

이럴 때 전화 한 통은 감동이다. 떨어져 있어도 마음이 전해진다.

임계 읍내로 향했다. 삼겹살집이다.

함께 어우러져 웃음꽃이 피어난다.

소통과 교감이 절로 된다. 백두대간에서 배우는 소통의 미학이다.

 산행 후기

난산이었다.

산행기는 밀린 숙제였다.

이런저런 핑계로 차일피일 미루다가 "왜 빨리 산행기를 안 올리느냐?"는 독촉을 받고서야 퍼뜩 정신을 차렸다. 워낙 둔필이고 게으르다 보니 산행 수첩을 정리하고, 자료를 모으는 데 시간이 걸렸다.

산은 사람을 착하게 한다.

산에서 사람의 맨얼굴을 보았다. 세 살배기 어린아이 얼굴이었다.

욕심과 경쟁, 근심걱정이 없는 마음을 보았다. 가진 것을 나누고 베푸는 마음. 그 마음은 '부처님 마음', '예수님 마음'이었다.

마음으로 함께 걸었던 아름다운 시간이었다.

필을 놓으며 또 하나의 기록을 세상으로 보낸다.

▶ 5구간 : 백복령에서 삽당령까지

위치 정선군 임계면 ~ 강릉시 왕산면 목계리
코스 백복령 ~ 생계령 ~ 석병산 ~ 삽당령
거리 18km
시간 9시간

삽당령

석병산

백복령

사랑하는 사람아

풋풋한 바람 일어나는 이 봄날

싱그러움으로 가지 뻗은 수목 밑을 보아라.

바닥 환히 내비치는 물속 같은

하늘 한 자락 가만가만 어루만지며

미끄러지듯 유영하는 잎잎의 물고기떼

이보다 더한 세상의 순화된 질서를 보겠는가.

아직 봄새는 길을 잃고

찾아들지 않지만

별의 음성이 물무늬 지는

산호 숲 같은 수목 밑

겸허하게 옷을 벗고

우주 속에 귀를 놓고
한 겹 한 겹
먼지 낀 눈 씻어내며
잠시 내 영육을 담구었다 가렴.
　　　　　　－ 시인 박영식 '사랑하는 사람아 Ⅳ' 중에서

백복령 오름길.
구불구불 구절양장이다.
인간의 길은 직선이고, 자연의 길은 곡선이다.

《산 위의 신부님》의 저자 박기호는 "자연의 생김은 곡선이고, 인공은 직
선이다. 도시의 물건들은 모두 네모고, 두메산촌과 인적 없는 섬에 있는 것
들은 모두 곡선이다. 직선이란 가장 빠른 지름길이다. 현대인은 모두 직선
만 생각하며 살아간다"고 했다.

구불구불 아홉 시간.

백복령에서 삽당령까지 18km.

단순하게 걷기만 하면 되는 길이다.

선답자가 있어 안내까지 해준다는데 도무지 시큰둥하다.

백두대간은 도전이다.

도전은 아름답지만 눈물과 고통이 있다.

고통 없이 얻을 수 있는 건 아무것도 없다. 있다면 그것은 거품이요, 신기루다.

모든 일은 태도요, 마음가짐이다.

산보다 힘든 건 마음의 벽이다.

새벽 5시.

조철묵과 허남규를 태웠다.

조철묵은 언제나 준비하고 기다렸다.

그는 또 다른 비상을 준비하고 있다.

그에게선 풋풋한 청년 냄새가 난다.

허남규는 오래도록 묵묵하다.

몸은 강고하나, 마음은 새싹이다.

그는 하루에도 수십 번씩 롤러코스터를 타고 있다.

그는 배수진을 치고 마음의 백두대간을 넘고 있다.

허남선은 늘 격려로서 환하다.

"대장, 안전하게 잘 다녀오시길."

그는 아무리 힘들어도 좌절하지 않는다.

나는 그의 열정과 용기가 부럽다.

운전기사가 바뀌었다.

백봉령과 백복령이 헷갈렸으나 내비게이션은 백복령을 읽어냈다.

인간은 기계를 만들고 기계에 의존한다.

산이 푸르다.

"날씨 하나 죽이네."

"날을 잡은 놈이 누군데?"

"누구긴 누구야, 대장이지."

이럴 땐 욕도 칭찬이다.

강권에 못 이겨 산악회장이 되었다.

글과 계급의 힘으로 채워진 완장이다.

아내가 말했다.

"당신답지 않게 무슨 감투를 쓰고 그래요. 그냥 있는 듯 없는 듯 조용히 살면 되지."

"아니. 그게 아니고. 어쩌다가 등 떠밀려서……."

오전 8시.

강릉시 옥계면 산계리.

백복령 표지석 앞이다.

'강원도 백두대간을 가다.'

여덟 명의 사내들이 씩씩하다.

하나, 둘, 셋, 파이팅!

비온 뒤 산이 더욱 푸르다.

산 공기가 차고 달다. 숲길은 온통 산소와 피톤치드 바다다.

소리에도 빛깔이 있다.

새소리가 연초록이다.

이동준이 나물을 발견했다.

"어, 단풍취다."

"나물을 어떻게 그렇게 잘 알아요?"

"병철이가 가르쳐 줬어요."

최병철은 '나물 박사'다. 그는 너털웃음이 매력이다.

한라시멘트 채석장이 눈앞이다.

생생한 백두대간 훼손 현장이다.

자병산의 비명이 들리는 듯하다.

아름다운 산이 무너져 내리고 있다.

인간은 산소를 당연하게 여기지만 산과 숲이 사라지면 질병이 창궐한다.

맑은 물과 공기만 마셔도 병이 낫는다.

휴식은 즐겁다.

이철이 소주와 문어를 꺼냈다.

이철

이철은 산악회 총무다.

그는 영락없는 모범생이다. 소리 없이 움직인다.

누구든지 그를 좋아한다.

박영재

박영재가 매실주를 꺼냈다.
그는 영월 주천 사람이다.
그는 예리하고 명석하다. 연
줄 없이 당당하다.

조철묵

조철묵의 고물상 강의가 시
작된다.
"고물도 묻어두면 보물이 됩니다. 정말 그게 돈이 되더라니까요."
그의 강의는 체험으로 생생하다.

미래에셋 박현주는 "돈을 벌려면 소수의 편에 서라. 바람이 잘 때 팔랑개
비를 돌리는 법은 앞으로 달려 나가는 것이다"라고 했다.

오전 10시.
생계령이다.

산은 온통 푸르다.

산소와 피톤치드가 날아다닌다.

백두대간은 **피톤치드의 보고(寶庫)**다.

의자에 걸터앉은 사내들의 표정이 밝다.

"혹시 내려갈 사람 있으면 지금 내려가면 됩니다."

다들 그냥 웃는다.

내려갈 생각이 없는가 보다.

허남규가 안 보인다.

김경원이 찾는다.

"어디로 갔지?"

"앞에 갔는데요."

"아니, 왜 저러지?"

김경원이 소리 질렀다.

"야아아! 허남규!"

"아니, 사람이 없다고 그래도 되는 거야?"

"안 보일 때 그냥 한 번 해보는 거지요 뭘."

"그러다가 언제 당해도 한 번 당하지."

생계령 오르막이다.

나물 뜯는 남자가 씩씩하게 걸어온다.

보자기를 앞에 두르고 성큼성큼 걷는다.

"나물 좀 뜯었어요?"

"나물이 읍싸아."

나물 먹는 사람보다 나물 뜯는 사람이 건강하다.

10시 반.

서대굴 위를 지난다.

> 서대굴은 4억 8천만 년 전에 형성된 석회암 동굴이다. 동굴의 총길이는 500m, 주
> 통로의 길이는 300m이다. 동굴에서 발견된 동물의 종류는 총 19종이며, 그 중 갈르와
> 벌레와 꼬리치레 도롱뇽은 학술적인 가치가 높다.

수백 년 묵은 노송이다.

나무에서 위엄이 느껴진다.

나무에도 품격이 있다.

부러진 나무가 길을 막고 누워있다.

나무의 저항이다.

사람을 생각했다. 사람도 싸우다 안 되면 드러눕지 않던가?

딱따구리가 구멍을 팠다.
동그란 구멍이 선명하다.
나무의 아픔이 전해진다.
자연은 스스로 치유한다.
자연은 '묵언 교사'다.

햇살이 뜨겁다.
반팔로 갈아입었다.
동준은 나물에 몰입했다.
나물 뜯는 여유가 부럽다.

오전 11시 20분.
긴 오르막이다.
급경사를 오르는 일은 인내와 격려가 필요하다.
내 몸은 말하지 않아도 스스로 참고 격려한다.
소설가 김별아는 "고통에 직면하여 가장 빨리 그로부터 벗어나는 방법은
고통의 본질을 똑바로 들여다보는 것이다"라고 했다.

나무가 또 다시 부러졌다.
눈 무게를 못 이겼다.
나무속이 황토색이다.

마음에도 색깔이 있다.

내 마음은 무슨 색깔일까?

오르면 오를수록 바람이 차다.

산바람에 몸과 마음이 정화된다.

오월 산바람은 치유의 바람이다.

사람한테도 바람이 난다.

한 번 난 바람은 걷잡을 수 없다.

신바람, 춤바람, 늦바람……

가장 좋은 건 신바람이다.

2002년 월드컵 축구가 생각난다.

오전 11시 40분.

화살나무다.

이파리가 화살날개다.

"이거 한 번 먹어보세요."

이파리에서 한약냄새가 난다.

"봄에 산에서 나는 나물은 못먹는
게 별로 없어요. 독초가 거의 없다고
봐도 됩니다."

이동준은 최병철 못지않은 '나물 박
사'다.

나물 식별능력은 산골생활이 바탕　　이동준

이다.

아이에게 체험 이상 좋은 교육은 없다.

삼인행 필유아사(三人行 必有我師)다.

세 사람이 길을 가면 반드시 스승이 있다.

《사람은 믿어도 일은 믿지 마라》의 저자 고야마 노부루는 "시험에서 높은 점수를 받는 것도, 좋은 학교에 들어가는 것도 다 기억력이 좋은 덕분이다. 그러나 일단 사회에 나가면 그런 것은 잘 통용되지 않는다. 사회는 판단력에 의해 승부가 나는 세계이기 때문이다. 아무리 지식이 많아도 그것을 잘 활용해서 스스로 판단하고 행동하지 못하면 아무런 도움도 되지 않는다. 학생시절에 우등생이었는데 사회에서는 그렇지 못한 것은 체험이 부족한 탓이다. 몸을 움직이는 일 없이 '기억한다 = 이해한다'는 착각을 하고 있는 것이다"라고 했다.

낮 12시 10분.

화려한 오찬이다.

곰취와 나물취, 된장, 족발, 계란반숙, 김밥······.

가지가지 진수성찬이다.

소주 한 잔을 곁들였다. 화기애애하다.

함께 걷고 같이 먹으니 더불어 행복하다.

웃음도 나누고 음식도 나눈다. 나누면 행복해진다. 마음이 하나로 모아
진다.

오후 1시 30분.

고병이재를 지나 헬기장이다.

햇볕은 뜨겁고 바람은 냉장고다.

박영재 신발 밑창이 덜렁거린다.

1997년 프로스펙스 등산화다.

신발은 오늘 백두대간에서 열다섯 살의 장렬한 최후를 마쳤다.

어디 신발뿐이랴, 사람도 그렇다.

그날과 그 시간은 아무도 모른다.

죽어야 될 자리에서 죽는 사람은 행복하다.

졸립다.

몹시 졸립다.

석병산 가는 길.

산길에 드러누웠다.

"5분간 오침입니다."
금방 코고는 소리가 들린다.
나른한 오후, 단잠은 깊고 달다.

잎과 잎 무성하거라.
잎과 잎 무성하거라.
낮은 산도 깊어진다…….
한여름 산 속에 미리 들어와
마음을 놓는다.
　　　　　– 시인 신대철 '잎 잎' 중에서

오후 2시 10분.
어르신 묘다.
백두대간 마루금에는 묘가 많다.
'살아 진천, 죽어 용인'이라는데 죽어 용인이 아니라 죽어 백두대간이다.

또 다시 휴식이다.
"대장이 마음을 바꿨어요. 좀 여유 있게 갑시다. 무슨 속도전도 아니고 말이야."

　소설가 박범신은 《흰 소가 끄는 수레》에서 "보폭은 넓고 발걸음은 빠른
직진이 내 삶의 방식이자 삶의 속도였다. 속도가 빠르면 시야가 좁아진다.
행복한 느림보들이 신의 창을 바라본다"라고 했다.

행복한 느림보!

행복한 보폭으로 느리게 느리게 갈 수만 있다면 얼마나 좋겠는가?

나도 때로는 곡선이고 싶다.

"술 먹어도 되나요?"

이철이 물었다.

이철은 백두대간이 처음이다.

그는 쉴 때마다 술을 내놓았다.

일반 산행과 백두대간은 다르다

오후 2시 반.

석병산(1,055m)이다.

오늘의 최고봉이다.

푸른 산 푸른 물결이 굽이친다.

지나온 길과 가야 할 길이 선명하다.

김경원이 소리쳤다.

"야~호, 야~호……."

김경원

소리가 메아리 되어 산줄기를 타고 멀리 멀리 퍼져 나간다. 그는 큰 소리로 고인 것을 비워낸다.

그는 가식 없는 몸짓으로 명석하다. 그의 말은 때로는 화살이고, 때로는 명약이다.

그는 말과 소리로 분위기를 올리고 내린다.

석병산 일월봉이다.

표지석 너머 대관령 선자령으로 이어지는 풍차가 그림 같다.

탈속한 사내들이 여기 모였다.

얼굴 표정이 보름달이다.

이렇게 아름다운 순간이 언제 다시 올 수 있으랴.

카르페 디엠!

다시 내리막이다.

두리봉 가는 길.

다들 잘 걷는다.

"너무 잘 가서 내가 할 일이 없네. 누가 좀 아프고 지쳐야 하는데."

소설가 김별아는 아들과 함께한 백두대간 종주기《이 또한 지나가리라》
에서 말했다.

"백두대간 산행에 패자는 없습니다. 모두를 승자로 만드는 일입니다. 모
두를 승자로 만드는 일. 세상에 그런 일이 있다면 그건 정말 아름다운 일입
니다."

곳곳이 산돼지 밭이다.

산돼지는 나무뿌리를 좋아한다.

수놈은 혼자서, 암놈은 새끼 3~4마리와 함께 다닌다.

녀석이 지나간 자리가 밭을 간 듯 깊이 파헤쳐졌다.

오후 3시 반.

두리봉(1,033m)이다.

평상이 군데군데 놓여있다.

"대한민국 참 좋은 나라다. 산꼭대기에 이렇게 좋은 쉼터가 있다니."

"그러면 술 한 잔 할까요?"

"아니, 술을 왜 먹어요? 공기 맛이 이렇게 좋은데."

하나둘 평상에 몸을 눕힌다.

바람소리를 들으며 절대 고독이다.

푸른 숲 그늘에서 봄 햇살을 받으며, 새소리가 명징하다.

삽당령 하산 길.

연초록 봄 햇살이 눈부시게 쏟아진다.

두리봉 철쭉은 연분홍으로 선명하다.

어떤 철쭉은 피고, 어떤 철쭉은 지고 있다.

시인 이형기는 《낙화》에서 "꽃이 지고 잎이 난다. 꽃이 져서 잎이 난다. 꽃이 져야 잎이 난다. 봄 한철 격정을 인내한 나의 시간은 지고 있다"고 했다.

오후 4시 반.
멀리서 찻소리가 들린다.
정선군 임계면과 강릉시 왕산면을 잇는 삽당령 고개와 35번 국도가 지척이다.

이철이 다리를 절뚝인다.
"다리 통증이 되살아나네. 그래도 참 다행이다."
긴 내리막 나무계단이다.

삽당령 표지석이다.
소프트 랜딩이다.
또 하나의 짐을 쿵 내려놓는다.
도착 순간은 허탈하고 공허하다.
긴장이 연기처럼 쑤욱 빠져나갔다.

산행 후기
돌아오는 길에 평창 미탄 송어횟집에 들렀다.
술이 한 순배 돌자 얘기꽃이 피었다.

박영재가 말했다.

"사람들은 내 고향이 정선인 줄 아는데 저는 영월 주천 사람입니다. 첫 발령지가 정선 여량우체국이고, 정선에서 8년을 살았으니 그럴 법도 합니다."

허남규가 말했다.

"처음부터 다리가 아파서 일부러 빨리 걸었습니다. 내리막에는 통증이 심했지만 억지로 참았습니다."

모든 행동에는 이유가 있다. 그가 늘 앞서 걸은 이유를 알겠다.

그의 도전과 감투정신에 박수를 보낸다.

퇴직선배 조철묵이 격려금을 내놓았다.

격려금에 노동의 땀방울이 들어있다.

"얼마 안 되는 돈입니다. 산악회의 무궁한 발전을 기원합니다."

선배의 '산사랑', '후배사랑'이 눈부시다.

▶ 6구간 : 삽당령에서 닭목재까지

위치 강릉시 왕산면 ~ 강릉시 왕산면 왕산리
코스 삽당령 ~ 석두봉 ~ 화란봉 ~ 닭목재
거리 14km
시간 6시간 반

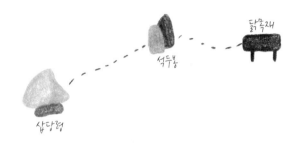

닭목재
석두봉
삽당령

태풍이 지나간 하늘은 맑고 깊다.

산행자가 반으로 줄었다. 가고 싶어도 못 가는 자도 있었고, 망설이다 마침내 가는 자도 있었다.

골프 바람이 불었다.

입만 열면 골프를 비판하던 자도 골프채를 들었다.

그는 "이제 골프는 생존전략"이라고 했다. "골프를 못 치면 비즈니스도 못하고 승진도 어렵다"고 했다.

눈병이 났다.

원근과 중심이 흔들렸다.

의사는 '알레르기'라고 했지만 오래도록 나을 기미가 없었다.

산 타는 자에게 산은 당면과제다.

오전 8시.

삽당령이다.

박영재가 새로 산 등산화를 자랑했다.

"와아아! 새 신발이네?"

"산 다니다가 신발이 아작 났는데 벌써 세 번째예요."

'아작'은 망가졌다는 뜻이지만 《민중서림》 간(刊) 국어사전은 '단단한 과
일이나 무 따위를 단번에 씹는 소리'라고 했다.

"이거 25만 원 줬어요."

"한 10년은 신겠다."

신발과 몸매가 찰떡궁합이다.

산죽 길이 이어진다.

이파리가 팔뚝을 스친다.

칼처럼 차고 섬뜩하다.

산길 정비가 한창이다.

정비하는 자는 노인이다.

"노인 일자리 창출이네."

"표 얻으려고 그러는 거지."

뭐든지 생각하기 나름이다.

강릉시 산림조합이 공사를 맡았다.

"석두봉까지 약 한 달 걸립니다."

휴식이다.

이용춘이 잣을 꺼냈다.

박영재도 매실주를 꺼냈다.

잣과 매실에 정(情)이 담겨 있다.

"이철도 이젠 머리가 희끗희끗하네. 산악회 총무도 이제 나이가 많이 많지 않아? 젊은 사람이 좀 들어와야 하는데 후배 양성 좀 합시다."

김경원이 말했다.

"요즘 애들은 각자 플레이에요. 동호인 모임 같은데 잘 안 나와요."

"이제는 어딜 간다고 부담 주는 것도 아닌데……."

"요즘은 뭐든지 쉽고 재미있어야 좋아해요."

"사실 그래서 이번엔 코스를 좀 짧게 잡았는데."

세대 차이다.

오프라인과 온라인 차이다.

야구 감독 김성근과 싸이 박재상 차이다.

김성근이 말했다.

"난 평생 모퉁이에 서 있었지. 한 발만 물러서면 낭떠러지 아래로 떨어져 죽는다고 생각했어."

싸이가 말했다.

"반짝하고 말지라도 영광스럽다. 욕심이야 있지만 쥐어짠다고 나오는 게 아니니 죽기 살기로 하진 않겠다."

기성세대는 죽기 살기로 살았고, 젊은 세대는 여유 있게 살았다.

죽기 살기와 여유 있게 차이다.

오전 9시 반.

잣나무 숲을 지난다.

"청솔모를 키워서 잣을 따게 하면 어떨까?"

"그것도 참 괜찮은 생각인데."

구슬이 서 말이라도 꿰어야 보배다.

생각만 하고 실천하지 않으면 아무 소용없다.

소나무 몸매가 매끈하다.

나무도 감정이 있다.

소나무를 꼭 안았다.

솔 향이 온몸에 파고든다.

촉감과 냄새로 교감한다.

"가장 깊은 것은 피부다."

프랑스 시인 폴 발레리의 말이다.

오전 10시 반.

독바위 봉(978.7m)이다.

"도대체 봉 이름은 누가 붙이는 거지?"

"약초 캐던 심마니나 나물 뜯던 아낙네들
이 붙이지 않았을까?"

이름에 조상들의 지혜와 염원이 들어있다.

이름 바꾸기가 유행이다.

사람 이름도 바꾸고 회사 이름도 바꾼다.

자작나무 숲이다.

"자작나무 껍질은 시골에서 아궁이에 불붙일 때 썼는데. 종이가 귀하던 시절에는 껍데기에 글씨도 썼다고 합니다."

종이의 원료는 나무다.

종이는 나무의 살과 피다.

종이 안에 나무의 목숨이 들어있다.

나무는 죽어서 종이로 부활한다.

오전 11시.

석두봉(982m)이다.

화란봉 너머로 선자령이 장쾌하다.

선자령 곳곳에 하얀 풍차가 선명하다.

선자령은 바람의 나라 '풍차 공화국'이다.

"머지않아 우리가 지나가야 할 길입니다."

화란봉 가는 길.

도토리 열매가 툭툭 떨어진다.

쭉쭉 뻗은 소나무 숲을 지난다.

"어떻게 저렇게 높이 올라갔을까?"

"올라가려면 밑에 잔가지가 없어야 해.

사람도 마찬가지야. 한 사람이 잘 되려면 여러 사람이 도와주거나 희생해야 하잖아. 우리 클 때 부모님이 맏이 대학 보낸다고 동생들은 초등학교나 중학교 겨우 나와서 공장에 취직하거나 농사일을 거들었지."

소설가 성석제는《투명인간》23~33페이지에서 이렇게 묘사했다.

"백수는 잔뼈가 굵기도 전인 중학교 때부터 집을 떠나 유학을 했다. 나무해다 팔고 농사밖에 지을 게 없는 두메산골에서 중학생 하나를 다른 도시에 유학 보내는 게 쉬운 일은 아니었다. 백수가 유학을 간 뒤부터 젖먹이를 제외한 온 가족이 나물을 뜯고, 열매를 따고, 나무하고, 가축 기르는 일에 동원되었다. 백수 하나만을 위해 나머지 다섯 남매는 허리띠를 졸라매고 희생을 감내해야 했다."

1960년생 성석제와 나는 띠동갑이다.

"그런데 나중에 보면 못 배운 동생이 부모한테 더 잘하더라고."

"맏이는 맏이대로 어려움이 많아. 맏이로 사는 것도 쉽지 않아."

잡목지대가 이어진다.

찹쌀떡과 자두로 허기를 달랜다.

산안개가 밀려온다. 안개가 구석구석 파고든다. 빗기운을 머금은 바람이 불어온다.

비가 쏟아진다.

이용춘이 비옷을 꺼냈다.

그는 꼼꼼하고 빈틈없다.

그는 늘 유비무환이다.

그에게 배우는 건 준비하는 자세다.

나는 그냥 비를 맞았다.

화란봉 오르막이다.

오르막이 가파르다.

"정상에 쉽게 오르는 방법이 없을까?"

"지름길은 없다. 목적지를 향해 한 발 한 발 뚜벅뚜벅 걷는 것이다."

안개비가 몸에 스민다.

오후 1시 반.

화란봉이다.

안개가 깊고 두텁다.

수백 년 된 금강소나무다.

나무에서 내공이 느껴진다.

내공은 눈과 비바람 맞으며 살아
온 고통과 눈물의 시간이다.

어디 나무만 그러하랴.

이정표가 나타난다.

삽당령 14km, 닭목재 2km다.

"누가 11km, 5시간이라고 했어?"

"조금 속고도 살고 그러는 거지. 어떻게 맨날 정확하게만 사냐?"

닭목재 내리막이다.

내리막은 길고 깊다.

중년 부부가 올라온다.

여자는 쌩쌩하고, 남자는 헉헉댄다.

"어제 진고개에서 자고 새벽에 대관령에서 출발했어요."

"참 대단하네요. 선생은 할 수 없이 따라온 거 같은데?"

"어떻게 알았지요?"

"산 다니다보면 그냥 자연스럽게 알게 돼요."

"길바닥에 자리 깔고 앉아도 되겠어요."

오후 2시 반.

닭목재다.

빗줄기가 굵고 세차다.

임계택시 기사와 대화가 이어진다.

"백두대간 다니는 사람들 자주 태워줍니까?"

"그분들 때문에 주말에 개인 일을 제대로 못합니다."

'때문에'와 '덕분에'는 하늘과 땅 차이다.

말에도 씨가 있다. '때문에'는 실패의 언어요, '덕분에'는 성공의 언어다. 성공하려면 말하는 습관부터 바꿔야 한다. 습관이 인생을 바꾼다.

"올해 배추 농사 잘 되었네요."

"왕산 대기리 사람들 돈 좀 벌었겠어요."

"그런데 강릉사람들이 '영새놈들'이라고 깔봐요."

"'영새놈들'이라니요?"

"강릉사람들은 임계, 횡계, 왕산 대기리 사람들이 배추농사 끝내놓고 모처럼 강릉 시내 술 먹으러 가면 '영새 촌놈들 강릉 와서 꼴깝떠네'라고 놀려요."

'영새'는 대관령 동쪽과 서쪽 사이에 있는 마을이다.

고랭지 배추의 판로를 물었다.

"여기 배추는 가락동 농산물 시장으로 가나요?"

"대부분 그렇습니다."

"배추도 농약을 뿌리잖아요."

"가락동 시장에서 농약잔류 검사를 철저하게 합니다. 그래서 농약 뿌리고 최소 열흘 정도 지난 다음 서울로 보냅니다. 안 그러면 아예 쳐다 보지도 않고 되돌려 보냅니다."

대관령 배추는 단단하고 맛이 좋다. 밤낮의 일교차가 크기 때문이다. 배추가 식탁에 오르기까지 이렇게 많은 사람의 손길이 들어있을 줄이야. 길에서 배우는 '배추 농사학'이다.

산행 후기

산행 전 눈병이 났다.

거미줄이 자주 보였다.

의사는 '알레르기'라고 했다.

불편했으나 내색하지 않았다.

한쪽 눈만 뜨고 다녀온 산행이었다.

산행을 다녀온 후 한쪽 눈에 반달이 보였다. 알고 보니 '망막박리'였다.

의사는 "조금만 늦었더라면 실명할 뻔했다"고 했다. 수술을 받고 한 달간

엎드려 있었다.

시력은 차츰 회복되었지만 예전의 시력은 돌아오지 않았다. 후배 임형택은 "백두대간 다니면서 자외선을 너무 많이 쬐어 그렇다"고 했다.

산행기는 안대를 하고 겨우 썼다.

볼 수 있고, 걸을 수 있고, 쓸 수 있음에 감사드린다. 이 세상에 당연한 건 없다.

▶ 7구간 : 닭목재에서 대관령까지

위치 강릉시 왕산면 ~ 평창군 대관령면 횡계리
코스 닭목재 ~ 고루포기산 ~ 능경봉 ~ 대관령
거리 12km
시간 7시간

마음에도
색깔이 있다면

닭목재 ~ 능경봉 ~ 대관령

능경봉   대관령

닭목재

대관령이다.

산안개가 자욱하다.

바람이 온몸을 휘감는다.

팔다리에 닭살이 돋는다.

동준의 차는 늙은 말처럼 헉헉댔지만, 다섯 명을 싣고 마지막 소임을 다했다.

20만 km를 달려왔고 아직도 더 달릴 수 있다고 버텼으나, 이제는 SM5에게 자리를 넘겨주어야 한다.

헌 차도 처음에는 새 차였다. 새 차도 언젠가는 헌 차가 될 것이다.

초가을 날씨다.

까마귀 소리가 고갯마루에 울려 퍼진다.

대관령 산마루는 녹음으로 청초하다.

닭목재까지 콜택시를 불렀다.

택시를 기다리며 스마트폰이 화제다.

"스마트폰은 돈 먹는 하마예요."

"스마트폰 메일도 공해입니다."

"나도 하나 살까 했는데?"

"아니, 그냥 2G폰을 쓰세요."

세상은 속도를 향해 진화한다.

속도의 끝은 어디일까?

속도에 지친 사람들이 쉴 곳을 찾는다.

힐링캠프, 템플스테이, 피정의 집, 명상의 집……

《세상이 학교다, 여행이 공부다》의 저자 박임순은 삶의 속도를 조절하라고 힘주어 말한다.

"한 박자 느리게 산다는 것을 도태되는 것이라고 여겼던 나에게 세렝게티는 천천히 더 천천히 살아가라고 말해 주었다. 빠르게 앞만 보고 헉헉거리며 살아온 삶을 내려놓기, 페달을 밟을수록 더 바쁘게 살아야만 했던 삶의 속도를 조절하기, 그래 바로 이것이 느림의 지혜가 아닐까? 자신의 영역에 만족하지 못하고 남의 영역을 부러워했던 욕심이 우리를 바쁘게 만들었는지도 모른다."

아침 7시 40분.

강릉 콜벤이 안개를 뚫고 달려왔다.

늙은 기사가 넋두리를 늘어놓았다.

"나는 자식이 1남 3녀입니다. 막내가 아들인데, 아들 대학만 마치면 자식 농사 다 지은 줄 알았어요. 그런데 그게 아니더라고요. 대학 마쳐 놓으니 갑자기 목사가 되겠다고 해서 죽어라고 벌어서 어렵게 신학대학을 마치고 목사 안수까지 받았는데, 이제는 손주까지 봐달라고 합니다. 죽을 때까지 자식 걱정만 하다가 끝날 것 같아요."

그는 죽어라고 일만 했다.

이젠 그에게도 휴식이 필요하다.

판사, 국회의원, 서울시장 후보 등으로 화려했던 '얼짱' 나경원은 〈조선일보〉 인터뷰에서 이렇게 말했다.

"예전엔 여백을 빽빽이 칠하는 데 매달렸는데, 요즘은 여백과 쉼표가 있어야 인생이 완성된다는 생각을 했다. 나 아니면 안 된다는 강박도 버리는 중이다."

오전 8시.

닭목재다.

두릅나무 숲이다.

하얀 줄이 쳐 있다.

줄은 출입금지 언어다.

할머니 한 분을 만났다.

"나물 뜯으러 다녀요?"

"아니요. 산에 가는데요."

할머니 눈에는 우리가 나물 뜯는 사람으로 보인다.

나물 뜯는 사람 눈에는 나물 뜯는 사람만 보인다.

나물 고수 이동준이 말했다.

"나물이 쇠었어요. 단풍
취가 많네요."

"5월 나물은 독초가 없습
니다."

숲이 푸르다.

숲은 만병통치약이다.

그냥 걷기만 해도 병이 낫는다.

돈 들이지 않고 건강하게 사는 법이 숲 속에 있다.

'걷기 개척자' 베르나르 올리비에는 이렇게 말했다.

"매일 아침 30분 이상 걷고 하루에 6~7km씩 걸으려고 노력해보라. 실크
로드도 거뜬히 걷게 될 것이다. 석 달 동안 230km를 걸으면서 걷기의 즐거
움을 깨달았다. 매일 20km씩 걸으니 내 몸이 젊어지고 있다는 느낌이 들
었다. 3주 전만 해도 죽으려고 했던 사람이 3주 후에 걷기의 즐거움에 빠
져버린 것이다. 인간이란 걷기 위해서 태어난 동물이란 생각을 그때 했다.
신체의 균형이 잡히면 정신의 균형도 잡힌다는 사실을 깨달았다."

– 2012년 11월 3일자 〈조선일보〉 인터뷰 중에서

오전 9시.

신갈나무 그늘이다.

김경원이 말했다.

"와아! 명당이다."

명당에 자리를 잡았다.

김경원과 신국언, 이동준이 차례대로 배낭에서 간식을 꺼냈다.

방울토마토와 파프리카, 꽁꽁 얼린 맥주 등이다.

대장은 빈손으로 미안하다.

"나는 아무것도 안 가지고 왔는데."

"괜찮습니다. 나눠 먹으면 됩니다."

산에서 배우는 건 나눔이다.

산에 들면 서로서로 나눈다.

가면을 벗고 욕심을 내려놓기 때문이다.

오전 9시 40분.

산철쭉이 한창이다.

낙락장송 한 그루가 우뚝하다.

산불을 이겨낸 강고한 소나무다.

소나무에서 트라우마가 느껴진다.

강한 소나무가 살아남는 게 아니라 살아남은 소나무가 강한 소나무다.

나무 안에 고통의 시간이 들어있다.

이동준이 말했다.

"그래도 산이 최고예요."

골프에는 돈과 재미와 비즈니스가 있지만 백두대간에는 땀과 눈물과 스
토리가 있다.

두 마리 토끼를 다 잡을 순 없다.

삶은 매순간 선택의 연속이다.

사람들이 멀리 앞서간다.

소나무에 깊은 구멍이 나 있다.

딱따구리 구멍이다. 소나무는 딱따구리 부리에 상처입고 피 흘렸으나 내

색 없이 푸르다.

사람도 소나무 같은 사람이 있다.

다시 동준이 말했다.

"신문에 책 출간 소식이 났던데요?"

백두대간 부자종주 산행기《아들아!
밧줄을 잡아라》출간 이후 언론과 직
장에서 과분한 칭찬을 받았다.

책의 화두는 가족이었다.

요즘 가족은 오래 흩어졌다 잠깐 모인다.

어떤 이는 일주일에 한 번, 어떤 이는 한 달에 한 번, 어떤 이는 일 년에 한
두 번, 얼굴보기 힘들다.

서로 만나야 소통이 되는데 다들 바쁘다.

가족과 소통하고 싶은가?

가족과 함께 옛길이 됐든 동네 뒷산이 됐든 무조건 같이 걸어보시라.

시간이 없다고?

시간은 내는 거다.

시작이 반이다. 천릿길도 한걸음부터다.

맹덕 한우목장을 지난다.

트랙터 소리가 요란하다.

목장을 갈아엎어 채소밭을 만들고 있다.

멀리 '안반덕'이 나타난다.

안반덕은 산 중턱에 있는 고랭지 배추밭이다.

마을사람들은 안반덕을 '안반데기'라고 부른다.

이동준이 말했다.

"안반데기는 박정희 대통령 때 만들었다고 합니다. 저가 어릴 때 어머니가 안반데기에 김매러 다녔던 기억이 납니다. 누나는 요즘 배추 농사를 짓고 있는데 밭뙈기로 사는 분이 싹만 조금 났는데도 1,000만 원에 사겠다고 해서 그냥 팔았다고 합니다."

이동준은 진부에서 나고 자랐다.

모자에게 백두대간은 나물을 뜯고 노동을 팔아서 한 끼 밥과 하비를 해결해야 했던 눈물 나는 생존의 장이었다.

그 산을 지금 그가, 어머니를 생각하며 아프게 넘고 있다.

오전 10시.

사람들이 보이지 않는다.

홀로 천천히 따라간다.

송전탑 밑에 민들레가 피어있다.

고압선도 민들레 앞에 무릎을 꿇었다.

백두대간 민들레의 빛나는 승리다.

신은 강한 자를 부끄럽게 만들려고 약한 자를 선택했다.

휴식이다.

술 얘기가 화제다.

술을 좋아했던 퇴직 선배 한 사람이 생각난다.

그는 회식 때마다 후배에게 폭탄주를 강권했다.

그는 술 고문(?) 기술자로 명성을 떨쳤다.

사람은 가도 흔적은 남는다.

고향 친구 한 사람도 생각난다.

친구에게 술은 출세를 위한 최종
병기였다.

친구는 술로 인간관계를 맺었고
배수진을 쳤다.

몸이 망가지는 만큼 사람들은 그를 칭찬했고 좋아했다.

그는 꿈꾸던 당선의 영광을 안았지만 지금은 암 투병중이다.

나는 그가 영광의 뒤안길에서 흘렸을 눈물의 양과 강도를 헤아릴 수 없다.

오전 11시.
고루포기산(1,238.3m)이다.

평창군 도암면과 강릉시 왕산면에 걸쳐있는 산이다. 고루포기는 '큰 고개' '높은 고개'라는 우리 말 방언이다. 산 주변에 고로쇠나무가 많아서 붙여진 이름이다.

두릅나무 지천이다.
"어떤 사람은 나무를 벱니다. 나무 베는 마음으로 두릅을 먹으면 두릅은 약이 아니라 독이 됩니다."
음식도 마음이다.

전망대다.
산안개가 자욱하다. 시계제로다.
"맑은 날에는 대마도가 보인다고 합니다."
"대마도가 아니라 울릉도가 아닙니까?"
"아, 착각했습니다."
대마도와 울릉도도 구분 못하
는 바보다. 바보에게 대장의 멍
에가 씌워져 있다.
바보 대장은 똑똑한 후배 덕에
살아간다. 후배 잘 만나는 것도

복이다.

산중오찬이다.

곰취, 오징어무침, 계란말이, 맥주, 소주…….

호화로운 식단이 차려진다.

음식 안에 정성이 담겨있다.

나는 언제나 맨밥과 김치다.

오후 1시.

영동고속도로 위를 지난다.

백두대간의 전형적인 동고서저 지형이다.

바닷바람이 불어온다. 이 바람이 영서 내륙바람과 만나면 집중호우로 돌변한다.

지리학자들은 이를 '푄현상'이라고 한다.

나는 중학교 지리시간에 '푄'을 배웠다.

'푄', 그 묘한 발음 때문에 시험문제를 틀리는 아이들은 없었다. 그때 배웠던 '푄'을 40년이 지난 지금 백두대간 마루금에서 느끼고 있다.

'푄'이 머리에서 가슴까지 오는 데 40년이 걸렸다.

염천 더위엔 숲이 제일이다.

숲에 들자 정신이 화들짝 깨어난다.

잡념이 한꺼번에 달아난다.

희망의 돌탑이다.

희망에 돌 몇 개를 보태며 소원을 빌었다.

오후 2시 20분.

능경봉(1,123.2m)이다.

> 강릉시 왕산면 왕산리와 평창군 대관령면 횡계리에 걸쳐 있다. 제왕산의 최고봉이며 '신증동국여지승람'이나 '관동읍지', '증수임영지'에는 '소우음산'으로 표기되어 있다. 가뭄이 들어 이곳에서 기우제를 지내면 신통하게도 비가 온다고 하여 능정산(凌頂山)이라고도 한다.

백두대간 현수막을 펼쳤다.

사람은 가도 사진은 남는다.

함께했던 사람들은 하나둘 떠나갔다.

끝까지 갈 사람은 몇 명되지 않을 것이다.

이동준, 김경원, 신국언

《팔지 마라, 사게 하라》의 저자 장문
정은 "사람이든 기업이든 앞으로 나아
가게 해 주는 것은 바로 그 절실한 눈
빛이다"라고 했다.

모든 성공에는 '절실함', '간절함'이 배
어 있다. 도전하는 자는 많아도 성공하
는 자가 드문 까닭이다.

샘터다.

물맛이 차고 달다.

오후 3시 10분.

영동고속도로 준공 기념비다.

기념비가 안개 속에 외롭게 서있다.

영동고속도로 건설에 몸 바친 자의 이름이 새겨져 있다.

여기 영동고속도로 건설에 온갖 정성을 다 바친 현장공사 감독원들의 피땀 어린 노
고를 높이 치하하며 그 이름을 새겨 후에 전하노라. 제2공사 사무소 소장 임선규, 과
장 백선권, 과장 이무락, 감독원 김동주, 김종진, 양봉집……. 1975년 10월 1일 한국도
로공사 사장 박기석

우리가 지금 별 생각 없이 오가는 도로 곳곳에 선조들의 땀과 눈물과 노
고가 배어있음을 깨닫는다.

백두대간에서 배우는 건 나라와 조상에 대한 고마움이다.

대관령 휴게소다.

대관령은 안개비에 젖어있다.

짧고 안일한 산행을 마치고 진부로 향했다.

밀면 막국수로 유명한 '고바우 식당'이다.

경력 40년을 자랑하는 백발 할머니가 운영하는 전통식당이다.

식당 주인은 이명박, 전두환 전 대통령도 다녀갔다고 자부심이 대단하다.

막국수와 동동주 한 사발은 피로회복제였다.

 산행 후기

그냥 편안하게 쉬고 싶었다.

산행 수첩을 가지고 갔으나 잘 써지지 않았다.

눈병 후유증으로 자주 뒤처졌다. 기억력도 떨어졌다.

영동고속도로 기념비 앞에서 가슴이 뭉클했다.

고속도로건설에 몸 바친 민초들의 이름을 하나하나, 또박 또박 적었다.

한 달 반 걸려 겨우 썼다.

쓰고 나니 날아갈 듯 시원하다.

햇볕 좋은 가을 날, 손빨래를 해서 빨랫줄에 가지런히 걸어놓은 기분이다.

▶ 8구간 : 대관령에서 진고개까지

위치 평창군 대관령면 ~ 평창군 진부면 진고개로
코스 대관령 ~ 선자령 ~ 소황병산 ~ 노인봉 ~ 진고개
거리 25km
시간 9시간

남자의 눈물

대관령 ~ 선자령 ~ 진고개

대관령   선자령   진고개

울지 마라.

외로우니까 사람이다.

살아간다는 것은 외로움을 견디는 일이다.

공연히 오지 않는 전화를 기다리지 마라.

눈이 오면 눈길을 걸어가고,

비가 오면 빗길을 걸어가라.

갈대숲에서 가슴 검은 도요새도 너를 보고 있다.

가끔은 하느님도 외로워서 눈물을 흘리신다.

− 시인 정호승 '수선화' 중에서

가을은 성찰의 계절이다.

내 몸은 자주 아팠고 마음도 흔들렸다.

홀로 쉬고 싶었으나 어쩔 수 없었다.

대관령에서 바라본 강릉 시내와 동해 전경

후배 세 명이 따라나섰다.

이동준과 박영재, 김경래다.

산행 전날, 한약을 먹고 몸을 추슬렀다.

아내는 조심하라고 당부했다.

"이제 백두대간 그만해도 되지 않아요?"

"사람들과의 약속인데 중간에 어떻게 그만 둬."

"다른 사람들은 안 그러는데 왜 당신만 그렇게……?"

지난여름 내내 분주했다.

졸저 《아들아! 밧줄을 잡아라》 출간 이후 〈평화방송〉, 〈국악방송〉, 〈교통방송〉 등의 출연이 이어졌다.

인터뷰 내내 그들은 나를 '독한 아빠', 아들은 '착한 아들'이라 불렀다.

나는 출판 기념회를 하지 않았다.

어떤 자는 "책이 얼마나 팔리느냐?"고 물었고, 어떤 자는 "책을 돈 주고 사본적이 없다"고 했다. 또 어떤 자는 "책을 왜 안 보내주느냐?"고 따져 물었다.

나는 작가도 책을 사서 보내준다고 했다.

다른 건 다 돈 주고 사면서 왜 책은 거저 달라고 하는지 모르겠다.

한 권의 책을 쓰기 위해 바쳐야 하는 노고를 생각한다면 그건 작가에 대한 예의가 아니다. 세상에 보잘것없는 책은 없다.

이른 새벽, 멀리 닭 울음소리를 들으며 이부자리를 개고 일어나 장비를 챙겼다.

동준이 몰고 온 새 준마를 타고 진고개로 향했다.

젊은 후배 김경래가 새로 왔다.

그는 강릉 애골 사람이다. 늘 쾌활하고 아는 게 많다. 그는 '백두대간 부자종주' 현수막을 디자인했고, 설악산 '대청봉 우체통' 설치를 위해 안현주와 함께 국립공원 관계자를 여러 차례 만났다.

진고개 휴게소다.

강릉 콜벤이 한달음에 달려왔다.

운전기사는 진부를 '진짜 부자들이 사는 동네'라고 했다.

"옛날엔 진부를 영세 촌놈들이라고 했지만 이젠 아닙니다. 숙부는 여기 7천평 밭에다가 삼채를 심어서 20억 수입을 올렸습니다."

> 삼채(三菜)는 히말라야 고산지대 식물이다. 마늘 맛과 인삼 맛, 부추 맛이 나며, 탈모와 고혈압, 당뇨 등 성인병 예방에 효험이 있다고 알려져 있다.

아침 7시 반.

대관령이다.

신사임당과 이율곡, 허난설헌과 허균이 눈물로 넘던 길이다.

조상들의 숨결과 발자취가 남아있는 역사의 길이다.

국사성황당 길로 들어섰다.

징~ 징~ 징~……. 둥~ 둥~ 둥~…….

오랜만에 들어보는 굿 소리다.

굿 소리에 민초들의 염원이 배어있다.

KT 송신탑을 지나자 표지판이 나타난다.

'강릉 바우길', '합류 대관령'

"강릉 바우길은 전체 18구간인데 1, 2구간은 백두대간 길과 만납니다."

강릉시 문화해설사(?) 김경래의 말이다.

오전 8시 반.

쉬~ 쉬~ 쉬~…….

전망대다.

산안개 사이로 풍차소리가 들려온다.

강릉 시내와 동해가 선명하다.

김경래가 깨금발을 뛰며 어린애처럼 신났다.

"저기가 우리 집이고, 저기는 18전비(전투비행단), 저기는 모산 저수지, 저기는 안목항, 못제, 선교장입니다. 선교장은 옛날에 배가 집 앞에까지 들어왔다고 합니다."

선자령(1,157.1m)이다.

선자령은 평창군 대관령면과 강릉시 성산면 경계에 있는 봉우리다. 산경표에는 대관산(大關山), 동국여지지에는 보현산, 태고사법에는 만월산으로 나와 있다. 서쪽은 계방산, 남쪽은 발왕산과 능경봉, 북쪽은 오대산과 소황병산을 잇는 백두대간 길이다.

풍차소리가 요란하다.

바람과 쇠가 부딪힌다.

사람과 사람이 부딪히면 싸움이 되지만, 바람과 쇠가 부딪히면 전기
가 된다.

전기는 땅속 케이블을 타고 방방곡곡 빠르게 달려간다.

푸른 초지 곳곳에 사일리지(Silage)가 하얗다.

사일리지는 풀을 깎아 쌓은 가축사료 저장고다.

휴식이다.

박영재가 매실주를 꺼냈다.

매실주는 그의 백두대간 브랜드다.

계속해서 귤과 삶은 계란을 꺼냈다.

계란을 삶으며 누구를 생각했을까?

삶는 마음과 먹는 마음이 하나다.

계란은 마음과 마음을 잇는 가교다.

곤신봉(坤申峰) 가는 길.

푸른 초지가 드넓게 펼쳐진다.

사운드 오브 뮤직, 그린 존이다.

소나무 한 그루가 홀로 서 있다.

초원 위에 세 남자가 그림이다.

풀벌레 소리와 어우러져 대관령 필하모니 오케스트라다.

풀과 나무가 동쪽으로 비스듬히 누웠다.

풀과 나무를 보며 바람을 생각했다.

"난 사람의 얼굴만 봤을 뿐 시대의 모습을 보지는 못했소. 시시각각 변하는 파도만 본 격이지. 바람을 보아야 하는데……. 파도를 만드는 건 바람인데 말이요."

영화 '**관상(觀想)**'에 나오는 조선 최고 관상쟁이 김내경(송강호)의 말이다.

오전 10시.

대공산성 갈림길이다.

김경래가 스마트폰을 꺼냈다.

민첩한 순발력이다. 검색만 하면 다 나온다.

"발해의 대씨가 성을 쌓았다는 민간설화가 있고, 조선시대 문헌에는 보현산성으로 나와 있습니다."

곤신봉(坤申峰, 1,131m)이다.

큰 돌에 이름이 새겨져있다.

"곤은 태극기의 건곤감리할 때 곤입니다. 곤은 땅을 뜻하며, 방향은 남서쪽입니다. 강릉 동헌에서 볼 때 곤신봉은 남서쪽입니다."

오전 11시.

동해 전망대다.

관광버스 2대가 올라온다.

사람들이 차에서 내려 우르르 몰려온다.

삼양목장과 동해전망대는 관광 상품이다.

길에 이름을 붙이고 스토리를 만들어 널리 알리면 관광 상품이 된다.

'제주도 올레'를 계기로 길 상품이 넘쳐난다.

옛길, 숲길, 둘레길, 순례길, 산성길, 치유길…….

과유불급이다. 무엇이든 넘치면 모자람만 못하다.

관광인파를 뚫고 매봉으로 향했다.

매봉 쪽에서 넘어오는 남녀를 만났다.

그들은 서로 대장, 부대장이라고 불렀다.

"매봉 조금 지나면 CCTV가 있고 방송도 나옵니다. 노인봉과 소황병산에도 있습니다. 조심해서 가세요."

오전 11시 45분.

매봉이다.

한자로 응봉(鷹峰)이다.

중국은 고려와 조선 조정에 매를 조공품으로 요구했다.

조정은 조공을 위해 응방을 두고 매를 사냥하거나 사육했다.

우리나라 산 봉우리에 응봉과 매봉이란 이름이 많은 이유다.

밥 먹는 시간은 즐겁다.

나무 그늘 아래 행복한 밥상을 차렸다.

솔솔 불어오는 바람과 푸른 초원이 펼쳐진다.

최고의 경관을 자랑하는 백두대간 밥상이다.

국순당 막걸리로 막내 경래가 건배사를 했다.

"우리들의 아름다운 백두대간 산행을 위하여~."

낮 12시 30분.

출입금지 구역이다.

2008. 3. 1 ~ 2017. 2. 28 야생동식물 서식지 보호 자연공원법 제36조의 2에 의거 30만 원 이하의 과태료에 처한다.

CCTV 카메라와 감지기가 작동되면서 방송이 흘러나온다.

자연공원법 36조는 백두대간 종주자를 범법자로 만든다.

멀리 소황병산과 초지 위로 흰 구름이 바람을 타고 올라온다.

대관령과 선자령 곤신봉을 잇는 하얀 풍차가 한 폭의 그림이다.

산 풍광을 배경으로 박영재가 돋보인다.

"와아아! 전문 산악인 같은데?"

"쑥스럽네요. 장비만 그래요."

그는 몸짱이다. 남자 모델이다.

산 밑에서 구름이 하얗게 몰려온다.

구름은 금세 산을 하얗게 뒤덮는다.

구름은 능선을 넘지 못하고 교착한다.

내륙바람과 바닷바람이 마루금에서 맞선다.

백두대간 마루금은 바람과 구름의 DMZ다.

우리는 지금 백두대간 DMZ를 넘고 있다.

소나무 사이로 풀벌레가 마구 뛴다.

사마귀 한 마리가 길을 막고 서 있다.

당랑거철(螳螂拒轍)이다. 사마귀의 용기와 기개 앞에 숙연해진다. 사마귀가 스승이다.

후배들이 멀리 앞서간다.

그들은 당연히 따라오겠거니 하지만 나는 이제 힘이 부친다.

기나긴 잡목 숲을 통과한다.

잡목이 얼굴과 팔다리를 잡아챈다.

스틱이 걸려서 가다 서다를 반복한다.

"스틱 받침대를 거꾸로 끼워서 그래요."

"아! 맞다. 내가 백두대간 다녔다고 해도 이렇게 간단한 것도 잘 모른다. 당신들은 내가 많이 안다고 생각할지 모르지만 속속들이 들여다보면 모르는 것투성이다. 배낭 끈 조절하는 법도 산 타다가 선배한테 배웠다. 나야말로 빛 좋은 개살구다."

소크라테스는 지혜로운 사람이란 "내가 아는 게 별로 없다는 사실을 깨닫는 사람이다"라고 했다.

내가 모르는 게 너무 많다는 사실을 이제라도 깨닫게 되었으니 얼마나 다행인지 모르겠다.

삼인행 필유아사(三人行必有我師)다.

세 사람이 길을 가면 반드시 스승이 있다.

긴 오르막이다.

"이제 좀 백두대간 가는 것 같은데."

"인생도 굴곡이 있어야 내공이 쌓이는 법이야."

"고랭지 채소가 맛있는 이유를 알아요?"

"밤낮의 기온차가 심하기 때문이지요. 사람도 그렇지 않겠어요."

"야! 이제 도사 다 됐네."

오후 2시 반.

소황병산(1,407m)이다.

푸른 초지가 끝없이 펼쳐진다.

풍차 사이로 지나온 길이 아득하다.

대관령 삼양목장 고원우유 생산지다.

소황병산은 공수부대 동계훈련장으로 유명하다.

"조금 쉬었다 가지요. 무릎이 좀 시려서요."

김경래는 무릎이 아프다.

이동준이 물파스를 뿌려준다.

오후 3시.

다시 볕이 난다.

다시 잡목지대를 통과한다.

얼굴에서 땀이 뚝뚝 떨어진다.

김경래, 박영재, 이동준

"다들 살아오면서 한 번씩 수술 경험이 있지요?"
"나는 초등학교 4학년 때 탈장이 돼서 무척 아팠던 기억이 납니다."
"나는 급성맹장으로 떼굴떼굴 뒹굴다가 정신을 잃었던 기억이 납니다."
"나는 망막박리로 자칫하면 실명이 될 뻔했다가 가까스로 살아났습니다."
말을 안 해 그렇지 다들 이렇게 한두 가지씩 아픈 상처를 안고 살아간다.

백두대간 1차 종주 때 생각이 난다.
허리까지 빠지는 폭설에 세 번이나 되돌아갔던 길이다.
후배들과 이렇게 한 번에 넘을 수 있는 길인데 말이다.
모든 건 때가 있다. 날씨도 복이다. '운칠기삼'이다.

오후 3시 반.
CCTV와 감지기가 나타난다.
지나온 길을 돌이킬 순 없다.
살다보면 너무 멀리 와서 되돌아갈 수 없을 때도 있다.

노인봉 산장이다.

소금강과 진고개 사이에 있는 무인 산장이다.

산장 문을 열고 들어가 1, 2층을 쓸고 닦았다.

거미줄을 없애고 창문을 열었다.

산장이 비로소 숨을 쉬고 반짝반짝 빛이 난다.

김경래가 다리를 절뚝인다.

이동준이 물파스를 뿌려주고, 박영재가 무릎보호대를 끼워준다.

아름다운 광경이다. 아! 눈물이 난다.

나는 왜 이리 눈물이 나는 걸까?

백두대간은 서로 도와주고 격려하며 모두를 승자로 만드는 대하드라마다.

노인봉(1,338m)이다.

멀리서 보면 화강암 봉우리가 노인처럼 생겼다고 해서 노인봉이다.

동서남북 전망이 탁 트인다.

소황병산, 매봉, 곤신봉, 선자령, 대관령으로 이어지는 백두대간 마루금
이 한눈에 들어온다.

마루금을 중심으로 바람과 구름
이 팽팽하게 교착한다.

노인봉 밤하늘의 별자리를 헤아
리며 어린아이처럼 좋아라 했던
최종만 선배의 모습이 뇌리를 스
친다.

지나온 길이 아스라이 펼쳐진다.

오후 3시 50분.

진고개로 하산이다.

김경래가 힘주어 말했다.

"덕을 쌓고 다시 한 번 오겠습니다."

그는 하산 내내 고통스러워했다.

기다려야 한다.

언제나 참고 견디며 기다려야 한다.

푸른 꿈 큰 뜻을 안고 끝내 기다려야 한다.

우리들은 모두 손에 손을 맞잡고 기다리며

한 세상 착하게 살아가는 대합실 인생 아닌가.

- 시인 이기만 '대합실 인생' 중에서

"그르렁! 그르렁!"

"아니 이게 무슨 소리야?"

새끼 멧돼지다.

눈이 마주쳤다.

숨이 멎는다.

주춤했다. 멧돼지가 먼저 고개를 돌렸다. 후다닥 타닥!

멧돼지가 뛰어올라가면서 흘끔 뒤돌아본다. 가슴이 쿵덕댄다.

 산행 후기

푸른 초원을 신나게 걸으며 그야말로 소통하고 교감했던 소풍 같은 산행이었다. 김경래에겐 고향 산을 끼고도는 뿌듯하고 정감어린 산행이었다.

그는 깨금발을 뛰며 어린아이처럼 좋아했다.

진부 부일식당은 나물반찬이 열두 가지다.

막걸리 한잔에 취기가 올랐다.

차에 오르자 눈이 저절로 감겼다.

이동준은 운전하느라 눈 한 번 붙이지 못했다. 안락(安樂)은 누군가의 노고 덕분이다. 세상에 감사해야 하는 이유다.

▶ 9구간 : 진고개에서 구룡령까지

위치 평창군 진부면 ~ 홍천군 내면 명개리
코스 진고개 ~ 두로봉 ~ 만월봉 ~ 약수산 ~ 구룡령
거리 23km
시간 12시간

약수산

진고개

구룡령

"가을을 걸어갈 때에 우리는 더 이상 길과 길의 거리를 지배하려고 하지 않아도 된다. 우리가 구태여 바벨을 들어 올리는 역사(力士)처럼 살아야 할 이유가 없다. 내가 원하는 만큼의 걸음의 속도로 걷기만 해도 가을은 충분히 우리를 행복하게 해준다."

– 시인 문태준 '느림보 마음' 중에서

그때 전화가 왔다.

《월간 산》 손수원 기자다.

그와는《아들아! 밧줄을 잡아라》책 출간 인터뷰로 인연을 맺었다.

그는 설악산 단풍취재에 동행해 달라고 했다.

인연을 생각하며 백두대간 산행을 뒤로 미뤘다.

사진기자 이경호와 속초우체국 이도윤도 동행했다.

손수원 기자, 필자, 이경호 기자. 빨간 우체통 뒤로 대청봉이 빛난다.

산행 사진은 〈월간 산〉 11월호에 '대청봉 우체통'과 함께 실렸다.

산행 전날, 오대산 구룡령 밑 민박집에 전화를 걸었다.

산행을 마치고 하룻밤 묵을 집이다.

"밥 해먹을 거지요?"

"예?"

"요즘 우리 집사람이 너무 바빠서요."

"우리 집사람한테 전화 한 번 해보세요."

"아니, 무슨 밥 해주는 것까지 승낙을 받아요?"

"하여튼 좀 그렇습니다."

남자들은 나이가 들면 아내한테 꼼짝을 못한다.

살짝 기분이 상했다가 '목마른 놈이 샘 판다'고 다시 생각을 고쳐먹고 전화를 해서 승낙을 받았다.

강원도 백두대간 제9구간.

오대산 주봉인 비로봉과 상왕봉 옆을 지나가는 12시간, 24km 장거리 산행이다.

지원자가 거의 없을 것이라 생각하고 동준과 둘이서 다녀오기로 마음먹었다.

뜻밖에도 김경원과 박영재가 따라 나섰다.

"자신이 있냐?"고 물었다.

김경원은 "괜찮다"고 자신 있게 말했다.

그는 소탈하고 직선적이며, 어떤 상황에서도 유머로 긍정을 만들어내는 '희망 전도사'다.

박영재를 만났다.

"다리가 아프면 탈출할 곳이 있느냐?"고 물었다.

"탈출할 곳은 있지만 닿기에는 너무 멀다"라고 했다.

그는 꼼꼼하고 예리하며, 부드럽고 유연한 '배려남'이다.

이동준을 만났다.

그는 "요즘 무릎이 좀 아파서 걱정이다"라고 했다.

그는 탁구, 테니스, 마라톤 등 운동이라면 가리지 않는 만능 스포츠맨이다. 그는 술 한 잔 만 먹어도 얼굴이 빨개진다. 그에게 술은, 넘어야 할 또 하나의 산이다.

새벽 4시.

알람 소리를 듣고 일어났다.

산행 전날은 언제나 긴장으로 설렌다.

몸을 뒤채며 자다 깨다를 반복했다.

아내가 보온밥통에 밥을 담아준다.

밥 안에 아내의 정성이 담겨있다.

새벽 5시 반.

박영재가 차를 몰고 왔다.

그는 10년째 같은 차를 몰고 있다.

차는 주인을 닮아 잔 고장 하나 없다.

아침 6시 40분.

진고개 휴게소다.

개 세 마리가 거칠게 짖어댄다.

개 뒤를 따라 주인이 뛰어나온다.

"개들도 뭐 믿는 구석이 있으니 저렇게 짖어대지."

"똥개도 자기 집 앞에서 싸우면 50% 먹고 들어간다."

개를 보며 사람을 생각하는 경원의 순발력이 놀랍다.

"나는 낯선 사람이 가까이 온다고 해서 덮어놓고 짖어대지는 않는다. 그
사람의 냄새나 표정이나 걸음걸이가 내 맘에 들지 않을 때 짖는다. …… 나
는 되도록 싸우거나 달려들지 않고, 짖어서 쫓아버림으로써 문제를 해결
하려는 원칙을 가지고 있다. …… 싸움은 혼자서 싸우는 것이다. 아무도

개의 편이 아니다. 싸움은 슬프고 외롭지만, 이 세상에는 피할 수 없는 싸움이 있다. 피할 수 없는 싸움은 끝내 피할 수 없다.

- 소설가 김훈 '가난한 내 발바닥의 기록' 《개》 중에서

산안개가 두텁다.

동대산 오르막이다.

산죽 길이 이어진다.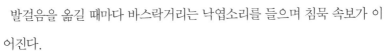

아침 햇살이 눈부시다.

멀리 소황병산이 나신(裸身)

으로 빛난다.

발걸음을 옮길 때마다 바스락거리는 낙엽소리를 들으며 침묵 속보가 이어진다.

대나무 이파리에 햇살이 하얗게 부서진다.

산 공기가 차고 맑다.

긴 오르막이 계속된다.

높은 산을 쉽게 오르는 방법은 땅만 바라보고 한 발 한 발 오르는 것이다.

후배들은 힘든 기색 하나 없다.

아침 7시 40분.

동대산(1,433.5m)이다.

박영재가 사과를 꺼냈다.

"아들이 문경 사과축제에 갔다가 고사리 손으로 따온 사과입니다."

사과에서 어린 아들 손 냄새가 느껴진다.

"첫 구간과 비교하면 어때요?"

"산행시간은 짧지만 결코 만만한 구간이 아니다. 만만한 사람도 없고 만만한 산도 없다."

오전 8시.

얇은 얼음이 얼었다.

낙엽을 떨구어낸 나무는 이제 겨울 채비를 하고 있다.

시인 박형준은 '초저녁 달'에서 "내게도 매달릴 수 있는 나무가 있었으면 좋겠다. 아침에는 이슬로, 저녁에는 어디 갔다 돌아오는 바람처럼. 그러나  때로는 나무가 있어서 빛나고 싶다"고 했다.

때로는 나도 백두대간의 이름 없는 나무로 살고 싶다.

길 건너 노인봉과 대관령을 잇는 마루금이 곡선으로 장쾌하다.

오전 8시 반.

처음으로 사람을 만났다.

"어디서 오는 길입니까?"

"엊저녁에 산에 들었다가 두로봉에서 자고 하산하는 길입니다."

깡마르고 날렵한 전형적인 산꾼이다.

"혼자 무슨 낙으로 산에 다니는지 모르겠어?"

"원래 마니아들은 혼자 다니는 걸 좋아해요."

"대장도 그렇지요?"

"……"

나는 웃으며 묵묵부답이다.

서산대사는《선가귀감》에서 "말 없음으로 말 있는 데 이르는 것이 선(禪)"이라고 했다.

오전 9시.

차돌백이다.

흰 바윗돌이 선명하다.

"옛날엔 이곳이 바다였다고 합니다. 지구의 판과 판이 부딪혀서 솟아오른 것이 산이고, 가라앉은 것이 바다라고 합니다."

무릇 한 가지 현상에는 열 가지 학설이 있다.

산은 그대로인데 학설로 펄펄 끓는 세상이다.

"차돌바위 정기를 좀 받고 가야 되겠다."

경원이 차돌바위에 손을 대고 눈을 감는다.

두로봉 가는 길.

볕이 들자 산이 본 모습을 드러낸다.

산은 울긋불긋 온통 단풍으로 불탄다.

산 너머 동해가 아스라이 펼쳐진다.

"야! 바다다."

"나는 안 보이는데요?"

"안 보이면 그냥 마음으로 보세요."

소설가 이외수는 "아는 것보다 깨닫는 게 진짜 공부다. 생각으로 사는 삶
보다 마음으로 사는 삶이 훨씬 아름답다"고 했다.

오전 10시.

돌돌말린 나무껍질이 나뒹군다.

"저거 무슨 껍질이지?"

"자작나무 껍질입니다. 촌에서 나무에 불붙일 때 씁니다."

'나무 박사' 이동준의 경험담이다.

깊은 내리막이다.

두로봉이 하늘이다.

"아이고, 죽었다."

"내려갈 때는 내려가는 생각만 하고, 올라갈 때는 올라가는 생각만 해라.
그렇게 걱정하기 시작하면 하산할 때까지 계속 걱정만 하다가 끝난다."

일도 삶도 그렇다.

자작나무 숲이다.

자작나무 열병식이다.

소슬바람이 몸속으로 파고든다.

긴 숲길이 고요하다.

앞서 간 후배들이 보이지 않는다.

방향은 같지만 홀로 걷는다.

"함께 있되 거리를 두라. 그래서 너희 사이에서 하늘 바람이 춤추게 하라. 함께 서 있으라. 그러나 너무 가까이 서 있지는 마라. 사원의 기둥들도 서로 떨어져 있고, 참나무와 삼나무는 서로의 그늘 속에선 자랄 수 없다."

칼린 지브란의 말이다.

오전 10시.

신선목이다.

마가목 열매가 군데군데 떨어져 있다.

"한방 약재명 정공등(丁公藤)이다. 성질이 따뜻하고 매운 맛이 나며 독이 없다. 풍비를 다스리고 보혈하며, 다리와 무릎을 튼튼하게 하고 검은 머리가 나게 한다. 해숙겸(解叔謙)이라는 사람이 병이 있어서 신에게 기도했는데 모르는 사람을 만나서 이 등(藤)을 먹으라는 가르침을 받고 나았다고 한다."

— 남산당 刊《국역 동의보감》1,230페이지 중에서

산은 단풍으로 불타고, 발밑은 낙엽지천이다.

단풍과 낙엽은 같지만 다르고, 다르지만 같다.

버려야 할 것이
무엇인지를 아는 순간부터
나무는 가장 아름답게 불탄다.
제 삶의 이유였던 것,
제 몸의 전부였던 것,
아낌없이 버리기로 결정하면서
나무는 생의 절정에 선다.

          - 도종환 시인의 '단풍드는 날' 중에서

두로봉 긴 오르막이다.
말없이 한 발 한 발 올라간다.
모두들 말이 없다.
힘들면 말이 없다.
말 없음이 말 있음이고, 말 있음이
말 없음이다.

나무에 생태계 조사 카메라가 달
려있다.

   본 장비는 국가재산이며 무단 훼손 시 관련법에 의해 처벌받습니다. 또한 장비의 이
동 시 위치가 추적될 수 있습니다. 동부지방산림청장

오전 11시 5분.
두로봉(頭老峰, 1,421m)이다.

> 강원도 평창군 진부면과 홍천군 내면, 강릉시 연곡면에 걸쳐있으며 북서쪽에 있는 비로봉과 상왕봉, 남동쪽의 동대산과 더불어 오대산 높은 봉우리 중의 하나다.

오늘의 최고봉이다.
나무 울타리로 길을 막아 놓았다.

> 2008. 3. 1 ~ 2017. 2. 28. 두로봉 ~ 신배령 구간 출입금지 위반 시 야생동식물 보호법 및 자연공원법 제86조에 의거 과태료 50만 원 이하를 부과합니다.

두로령 갈림길이 나타난다.
두로령까지는 40분 길이다.
"힘들면 상원사로 내려가도 됩니다."
"에이! 그런 사람 없어요."
동준이 감을 꺼냈다.
"아아, 떫어."
경원이 한 입을 베어 물고 인상을 쓴다.

떫은 맛 안에 단 맛이 들어있다.
떫다는 것은 덜 여물었다는 뜻이다.
떫은 감은 딱딱하고, 익은 감은 부드럽다.
어찌 감만 그러랴?
사람도 그렇다.

신배령 가는 길.

길을 잘못 들었다.

길을 잘못 가르쳐준 내 탓이다.

길을 찾아 헤매다가 십여 분을 낭비했다.

올해 예순다섯 살인 세계적인 천재 바이올리니스트 정경화는 2013년 11월 2일자 〈조선일보〉 Why 인터뷰에서 "인간은 원래 헤매는 것이다. 결국 삶이란 몸으로 배워야 한다. 똑똑한 사람이 머리로 아무리 많은 것을 터득하더라도 경험을 통해 느끼는 것을 따라오긴 어렵다. 인간은 하나하나 터득해야 하는 존재다"라고 했다.

삶도 그렇다.

길을 잘못 들었다가 돌아오는 사람이 있는가 하면, 돌아오지 못하는 사람도 있다.

안타깝지만 돌아오기엔 너무 늦어버렸기 때문이 아닐까?

낮 12시.

마가목 숲이다.

숲은 빨간 열매로 가득하다.

마가목 열매가 대추 같다.

열매는 왜 모두 빨간색일까?

시인 장석주의 '대추 한 알'이 생각난다.

저게 저절로
붉어질 리는 없다.
저 안에 태풍 몇 개
저 안에 천둥 몇 개
저 안에 벼락 몇 개
저게 저 혼자 둥글어질 리는 없다.
저 안에 무서리 내리는 몇 밤
저 안에 땡볕 두어 달
저 안에 초승달 몇 달.

박영재가 멀리 앞서간다.
김경원과 이동준은 보이지 않는다.
젊음은 빠르고, 늙음은 느리다.
젊음은 직선이고, 늙음은 곡선이다.
주목이 군데군데 눈에 띈다.
형체만 남은 주목이다.
나무는 죽어서도 꼿꼿하다.
나무는 갔어도 형체는 남아있다.
주목나무 백골이다.
나무에도 영혼이 있을까?

낮 12시 반.
산죽 숲을 지난다.
산죽은 언제나 푸르다.

댓잎에서 푸른 마음이 전해진다.

댓잎을 스치며 나도 조금 푸르다.

점심이다.

식탁은 소박하다.

시장이 반찬이다.

마음이 편하니 다 맛있다.

밥에는 땀과 눈물이 스며있다.

소설가 김훈은 "모든 밥에는 낚시 바늘이 들어있다. 밥을 삼킬 때 우리는 낚시 바늘을 함께 삼킨다"고 했다.

"까악 까악⋯⋯."

까마귀떼 한 무리가 공중을 선회한다.

남은 밥을 던져 주자 까마귀 한 마리가 바람을 가르며 직선으로 내려와 앉는다.

오후 1시 50분.

신배령이다.

멀리 북동쪽으로 복룡산이 우뚝하고, 강릉시 연곡면 삼산리 마을이 아늑하다.

만월봉이 지척이다.

긴 잡목 숲이 이어진다.

돈 얘기가 꼬리를 물고 이어진다.

"살아오면서 돈 때문에 만난 사람은 모두 떠나갔고, 산 때문에 만난 사람은 인연이 계속 이어지고 있다."

세상을 살면서 가장 무서운 사람은 돈과 명예와 권력으로부터 자유로운 사람이다.

"마음이 가난한 사람은 행복하다. 하늘나라가 그들의 것이다"(마태 5장)

오후 2시 45분.

만월봉(滿月峰, 1,281m)이다.

멀리 양양군 현북면과 해안선이 한 줄이다.

부연동과 법수치리 마을도 아스라이 아늑하다.

약 200년 전 어느 시인이 이 봉을 바라보며 시를 읊었는데 바다에 솟은 달이 온 산에 비침으로 만월이 가득하다 하였다.

해가 서산으로 조금씩 기울기 시작한다.

산은 빨갛고 노란 단풍으로 형형색색이다.

동해를 등에 지고 사진을 담았다.

갈 길이 먼데 다들 여유만만이다.

오후 3시 반.

응복산(1,359m)이다.

지나온 길이 낙타등이다.

설악 능선과 대청봉이 한 줄이다.

대간 마루금만 보면 눈물이 난다.

나는 왜 이리 눈물이 나는 걸까?

기온이 뚝 떨어진다.

옷을 바꿔 입고 장갑도 끼었다.

길고 긴 잡목 숲이 끝없이 이어진다.

동쪽 사면은 벌써 어둠이 깔리기 시작한다.

다들 말없이 한 발 한 발 걷지만 지친 기색이 역력하다.

오후 4시.

해가 서산으로 기울기 시작한다.

산 전체에 땅거미가 몰려온다.

어둠과 더불어 찬바람이 뼛속까지 스며든다.

빵 모자를 꺼냈다.

오후 4시 반.

워어어~ 워어어~…….

멧돼지 소리가 들려온다.

산 공기가 맑고 차다.

찬 기운이 폐 속으로 들어온다.

약수산 가는 길.

길고 가파른 오르막이다.

다들 묵묵히 올라간다.

갑자기 김경원이 "파이팅!"을 외친다.

고통이 화들짝 달아난다.

미늘봉 2.6km 이정표가 나타난다.

랜턴과 보온장비를 준비하라고 일렀다.

오후 5시.

아미봉(1,282m)을 지난다.

해가 한 뼘만큼 남아있다.

해가 떨어지기 시작한다.

동준이 침묵을 깼다.

"시작은 우리가 먼저 했는데, 해가 우리보다 먼저 떨어지네."

동준의 관찰력이 놀랍다.

해뜨기 전에 진고개를 출발하여 해를 보며 하루 종일 걸어왔는데 해가 먼저 산을 넘어 가고 있다.

　오후 6시.

　약수산(1,396m)이다.

　석양에 굽이치는 산 물결이 장
관이다. 석양 노을 속에 내 몸은
한 점 빛이다.

　이럴 때 인간의 언어는 공허하다.　약수산 정상에서 바라본 백두대간 저녁노을

　나는 저 유장한 산 물결을 보며 아름다운 임종을 생각했다. 굽이굽이 구
룡령을 오르는 차량 불빛이 엉금엉금 거북이 걸음이다.

　구룡령 하산 길.

　동준이 무릎에 약을 뿌렸다.

　영재도 무릎보호대를 둘렀다.

　나도 무릎이 따끔거렸으나 완장과 결기로 버텨냈다.

　캄캄한 어둠을 한 줌 불빛으로 힘겹게 밀쳐내며 긴 내리막을 천천히 조심
조심 내려왔다.

　오후 6시 40분.

　'백두대간 구룡령' 표지석이다.

　후배를 차례차례 안았다.

　모두들 해냈다는 안도감과 자부심으로 충만했다.

"해냈구나. 내가 결국 해냈구나. 그 성취감이 쌓여 올라가면서 긴 세월을 견딜 수 있는 거야. 그 앞에선 어떤 고통도 못 느껴요. 끝없는 성취로 자기 확인을 해 나가는 거야. 그 자기 확인이라는 게 얼마나 무서운 힘인지 몰라. '너는 능력 있어, 너는 능력 있어' 하는 것을 자기 자신에게 보여주는 것이니까."

– 2013년 10월 〈인물과 사상〉, 작가 조정래 인터뷰 중에서

구룡령 밑 명개리 민박집으로 향했다.

민박집 주인은 "삼겹살을 내면까지 가서 사가지고 왔다"고 했다.

그의 아내는 결명자와 편상황버섯을 함께 넣어 펄펄 끓인 물을 주전자에 하나 가득 담아 왔다. 봄철 내내 깊은 산에서 채취하여 절인 곰취를 상추와 함께 한 상 가득 내어왔다.

강원도 소주 '처음처럼'과 곰취와 삽겹살이 고단한 몸속으로 쑥 밀고 들어왔다. 긴장이 풀리면서 눈꺼풀이 돌덩이처럼 무겁게 내려앉았다.

뜨거운 물이 알몸에 닿자 내 몸은 저항을 포기하고 단번에 허물어졌다. 야윈 육신을 뜨끈뜨끈한 방바닥에 눕히자 지나온 대간 길이 빠르게 스쳐 지나갔다. 아득히 내 몸 어디선가 자작나무냄새가 났다.

 산행 후기

다음날 아침 민박집 아주머니가 팔년 묵은 된장을 넣어 끓인 배추국과 고

등어자반을 내어왔다. 대간 타면서 먹어본 된장국 중 최고였다. 무척 달게 먹고 또 한 그릇을 먹었다.

후배에게 물었다.

"어제와 오늘 어때요?"

김경원이 말했다.

이동준, 박영재, 김경원

"어제는 12시간 걸었는데 정말 하루가 긴 시간이구나. 다시는 오지 않을 시간인데 정말 뭘 하더라도 열심히 해야겠구나 하는 생각을 했습니다."

이동준이 말했다.

"그동안 정해진 틀 속에서 아웅다웅하며 살아왔는데 이렇게 나와 보니 가슴이 탁 트이고 넓어지는 것 같습니다. 무엇보다 '나 자신을 돌아볼 수 있는 시간'을 가질 수 있어서 참 좋았습니다."

박영재가 말했다.

"계곡 물소리, 나뭇잎 지는 소리, 바람소리 등 자연이 내는 소리에 주목하게 됩니다. 일상의 소음에서 벗어나 이렇게 걷다보니 마치 자연이 된 기분입니다."

우리는 명개리를 떠나 오대산 상원사까지 한적한 단풍 길을 천천히 고요하게 걸었다.

단풍 차량을 뚫고 올라와 진고개까지 데려다 준 진부우체국 최기순 님께 고마운 마음을 전한다.

▶ 10구간 : 구룡령에서 조침령까지

위치 홍천군 내면 ~ 인제군 기린면 진동리
코스 구룡령 ~ 갈전곡봉 ~ 쇠나드리 ~ 조침령
거리 25km
시간 10시간

세월호 후폭풍은 무서웠다.

세월호는 구속영장이었다.

온통 금지, 자제, 절제로 위축되었고, 그냥 소리 내어 웃는 것도 조심스러
웠다.

국민 모두가 죄인이었고, 나라 전체가 상갓집이었다.

선거도 발목을 잡았다.

선거기간 내내 분주했다.

입안이 헐고 목도 아팠다.

후배들은 휴일도 반납하며 늦게까지 일했으나 내색하지 않았다.

격려보다 질책의 먹구름이 세상을 덮었다.

입산금지와 더불어 백두대간도 얼어붙었다.

현충일.

백두대간을 생각했다.

구룡령에서 조침령까지 도상거리 25km, 10시간.

사람을 모았으나 모이지 않았다.

모든 도전은 불편하고 고통스럽다.

"세상사에는 불변의 진리가 있다. 너 자신으로 하여금 계속해서 불편한 상황에 놓이게 만들어라. 이걸 지키면 계속 성장할 수 있는 것이고, 그렇지 않으면 그냥 정체하고 마는 것이다. 세상은 편안함을 지나치게 숭상하는 시대로 가고 있지만 사람이 몸과 마음이 좀 불편해야 계속 분발하게 된다."

— 공병호경영연구소 공병호 칼럼 중에서

이른 새벽 몇 번이나 뒤척이다 잠을 깼다.

아내가 방울토마토, 사과, 고추장과 함께 손수건으로 꽁꽁 싼 도시락을 건네준다.

도시락 안에 정성이 스며있다.

아내의 오래된 백두대간 DNA다.

맑고 푸르다.

날씨도 축복이다.

차를 타고 운두령을 넘었다.

동준은 달렸다. 무섭게 달렸다.

동준은 개근했고 끝까지 개근할 것이다.

오전 8시.

구룡령(1,013m)이다.

구룡령은 홍천군 내면 명개리와 양양군 서면 갈천리를 잇는 백두대간 고개다.

1872년 임산물과 자철광을 운반하기 위해 개통되었으며, 일제강점기 때 산림과 광물 자원 운송을 목적으로 확포장 되었고, 그 후 1994년 아스팔트 도로로 포장되었다. 과거에는 휴게소가 있었으나 현재는 산림청에서 인수하여 산림박물관으로 쓰고 있다.

산길이 말랑말랑하다.

밤새도록 비가 내렸다.

산 공기가 맑고 차다.

숲은 **피톤치드** 천국(天國)이다.

행복 호르몬 **세로토닌**이 샘솟는다.

"자연과 함께 움직이면서 힐링을 하면 세로토닌 분비가 되살아납니다. 우울증을 치료하는 좋은 약도 많지만 세로토닌이 주체가 되어야 합니다. 이른 아침 태양을 보면서 30분 동안 걷는 것이 가장 좋습니다."

홍천 힐리언스 선마을 촌장 이시형의 말이다.

구룡령 옛길이다.

고갯길에 역사의 흔적이 남아있다.

최치원이 넘었고, 의상대사가 넘었으며, 보부상이 등짐지고 넘었던 길이다.

일제강점기 철광 케이블과 삭도 흔적이 남아있고, 1980년대 경복궁 복원에 쓰기 위하여 벌목했던 금강소나무 밑동이 그대로 남아있다.

갈전곡봉(葛田谷峰) 삼거리다.

동준이 무릎보호대를 꺼냈다.

"지난번엔 무릎이 아파서 엄청 고생했어요. 저는 8시간만 지나면 무릎이 아파요. 그래서 이번엔 무릎보호대를 가져왔어요. 재용이가 이걸 들고 밤 늦게 우리 집까지 찾아왔어요."

우재용은 원주 사람이다.

그는 유연하고 민첩하다

태권도 선수 출신이다.

탁구도 수준급이다.

오전 8시 반.

사람소리가 들린다.

약초 캐는 사람이다.

몸에서 흙냄새가 난다.

산새 한 마리가 따라온다.

새소리가 맑고 영롱하다.

그늘에 앉아 눈을 감았다.

시인 이기철의 '벚꽃 그늘'이 생각난다.

벚꽃 그늘 아래 잠시 생애를 벗어놓으면

무겁고 불편한 오늘과

저당 잡힌 내일이

새의 날개처럼 가벼워지는 것을 알게 될 것이다.

입던 옷 신던 신발 벗어놓고

누구의 아비 누구의 남편도 벗어놓고

햇살처럼 쨍쨍한 맨몸으로 앉아보렴.

직업도 이름도 벗어놓고

본적도 주소도 벗어놓고

구름처럼 하이얗게 벚꽃 그늘에 앉아보렴.

가면과 완장을 내려놓았다.

몸이 가벼우니 마음도 가볍다.

산죽 숲이 이어진다.

나비 한 마리가 누워있다.

날개를 힘겹게 퍼덕인다. 마지막 안간힘이다

날개짓이 탁 멈췄다. 나비가 죽었다.

산죽 꽃이다.

꽃은 고통의 결정체다.

모든 성취에는 땀과 눈물이 배어있다.

이동준이 물었다.

"마라톤 풀코스 뛰어보셨지요?"

"조선일보 춘천마라톤 두 번."

"저는 10대 때는 태권도에 빠졌고, 20대 때는 테니스에, 30대 때는 마라톤에, 40대 때는 백두대간에 꽂혔어요. 50대 때는 MTB(산악자전거)를 해볼까 합니다."

풍뎅이가 배를 뒤집고 누워있다.

살짝 건드리자 죽은 척한다. 살기 위한 죽은 척이다.

풍뎅이는 현명하다.

곤충은 스승이다.

오전 9시 반.

오르막은 힘들다.

봉우리는 가열차다.

갈전곡봉이다.

> 본디 지명은 '치밭골봉'이다. '치밭'은 '칡밭'의 변음이며 한문으로 갈전(葛田)이다.

안내 표지판이 붙어있다.

> 구룡령과 조침령을 잇는 백두대간 마루금에 위치한 갈전곡봉(1,204m)은 인제군 기

린면과 홍천군 내면에 걸쳐있다. 서북 방향으로 가칠봉, 응복산, 구룡덕봉, 방태산과 연결되며 방동약수, 개인약수, 왕승골, 아침가리골, 연가리골 계곡과 연결된다.

산 아래 왕승골이 아늑하다.

함박꽃이 피었다.

함박꽃은 늦게 핀다.

늦게 핀 꽃이 아름답다.

함박꽃은 대기만성이다.

함박꽃은 청아한 여인이다.

함박나무 뿌리는 백작약(白芍藥)이다.

"'白芍酸寒腹痛痢 能收能補虛寒忌'

신맛이 나며 차다. 복통과 이질을 치료한다.

능히 거두고 보(補)하며, 허(虛)하고 찬 사람한테는 쓰지 않는다."

— 남산당 刊《방약합편》150페이지 중에서

볕이 나기 시작한다.

지열이 훅훅 올라온다.

기나긴 오르막이다.

나무계단이 나타난다.

나무계단은 오아시스다.

멀리 양양 가는 길이 구불구불 곡선이다.

"저곳이 강석기가 다녀온 마을인가요?"

"거기는 법수치리고, 저기는 갈천리입니다."

"다음 달에는 어디로 가나요?"

"평창군 대화면 개수리(介水里)입니다."

강석기는 태백 사람이다.

덩치는 크지만 섬세하고 부드럽다.

올 1월부터 매월 한 곳씩 강원도 산간오지 집배원을 동행 취재하고 있다.

오전 10시 20분.

꽈당탕! 꽈당탕!

나무뿌리가 젖어있다.

동준과 거의 동시에 넘어졌다.

"그래도 배낭이 있어서 다행이에요. 배낭이 없었더라면 큰일 날 뻔했어요."

2014년 10월 강원지방우정청에서 비매품으로 '강원지역 산간오지 집배원 탐방기'를 펴냈다.

숲 그늘 쉼터다.

페트병을 주웠다.

뚜껑을 열자 곤충의 주검이 한꺼번에 쏟아진다.

볕이 뜨겁다.

숨이 턱턱 막힌다.

날파리가 눈을 스친다.

쇠나드리 가는 길.

잡목 숲이 이어진다.

골바람이 불어온다.

쏴아아~ 쏴아아~

땀방울이 날아간다.

나무그루터기 쉼터다.

신선이 따로 없다.

산 밑은 용광로다.

쫘당탕!

몸이 허공으로 솟구쳤다 떨어졌다.

긴 내리막을 썰매 타듯 미끄러졌다.

쥐고 있던 스틱도 동그랗게 휘었다.

손바닥에서 피가 배어나온다.

"괜찮습니까?"

몹시 아프고 쓰리다.

참는 것도 훈련이다.

"나한테 오는 모든 것은 내가 한 일의 결과입니다. …… 제자리에 돌려
놓고 싶으세요? 그것이 괴로움입니다. 지구상에 유일하게 인간만이 상대
에 대해 옳다 그르다 판단하고 마음대로 고치려 합니다. 다 내려놓으시라.
자, 따라해 보세요. 냅둬유~."

– 2011년 10월 31일자 〈조선일보〉 마가스님 자비명상 중에서

잡목길이 이어진다.

지루하고 단순한 길이다.

볕이 뜨겁게 달아오른다.

나무에 새까만 버섯이 붙어있다.

오전 11시 40분.

조경동과 왕승골 삼거리다.

조경동은 인제요, 왕승골은 양양이다.

조경동은 아침 朝, 밭갈 耕, 마을 洞이다.

우리말로 '아침가리'다.

아침에 밭을 갈 정도로 해가 잠깐 비치고 마는 깊은 산골이라는 뜻이다.

곧장 가면 조침령, 쇠나드리로 이어진다.

동준이 멀리 앞서간다.

동준이 보이지 않는다.

가도 가도 보이지 않는다.

방향은 같지만 걸음은 각자다.

시인 김정수는 "서로 비밀을 품고 있는 가족은 일정한 거리에서 자신을
숙성시킨다"고 했다.

우리도 떨어져 걸으면서 침묵과 성찰로 숙성한다.

돌 조각이 떨어져 있다.

퇴적암이다. 돌 하나에 억겁(億劫)의 시간이 들어있다.

묘 한 기가 나타난다. 봉분은 작고 비석은 크다. 고인의 삶과 후손을 생각
했다.

정오다.

지열이 훅훅 오른다.

땀이 뚝뚝 떨어진다.

멀리 구룡령 사이로 차량 행렬이 개미떼다.

동준이 명당 자리를 잡았다.

그늘과 풍광이 압권이다.

백두호텔 스카이 라운지다.

바닷바람이 불어온다.

바람 맛이 차고 달다.

도시락을 꺼냈다.

반찬은 누리대와 개두릅 장아찌, 고추와 고추장, 김과 김치 등 그야말로 힐링 소찬(素饌)이다.

누리대와 개두릅 장아찌는 동준이 산에서 직접 채취해서 담근 것이다.

"집에서 요리를 직접 하나요?"

"주말이면 집에서 요리를 합니다. 요리가 무척 재미있어요."

그는 "요리가 재미있다"고 했다.

무엇이든 재미있으면 잘하게 되고, 잘하면 칭찬 받고, 칭찬 받으면 더 잘하게 된다. 칭찬은 고래도 춤추게 한다.

"어어~ 추워!"

밥을 먹고 나니 춥다.

팔에서 소름이 돋는다.

동준이 진저리를 친다.

"후식입니다."

동준이 배낭에서 유산균을 꺼냈다. '불가리스'다.

따스한 마음이 느껴진다.

바람이 좌우로 불어와 맞부딪힌다.

백두대간은 영동과 영서바람이 만나는 만남의 광장이다. 바람은 보이지 않으나 느끼고 들을 수 있다. 바람을 느끼고 들을 수 있는 인간의 몸은 신비한 소우주다. 바람을 타고 산새소리가 선명하다.

오후 1시.
산죽 숲을 지난다.
산죽 이파리가 팔등을 스친다.
팔등에서 작은 소름이 돋는다.

땡볕이다.
한길 넘는 풀숲을 헤친다.
풀숲 사이로 좁은 길이 나있다.

"시원한 바람은 어디로 갔지?"
굵은 땀방울이 쉴 새 없이 떨어진다.
숨소리도 점점 거칠어진다.
몸이 힘드니 아무 생각이 없다.
몸에 힘을 빼고 쑥쑥 나아간다.
어차피 걸을 만큼 걸어야 한다.

산은 적막한 수도원이다.
나는 이 거룩한 침묵이 좋다.
입을 닫으니 마음이 말을 건다.

산의 침묵 속에서는 감각이 예리해지고, 마음이 맑아지며, 영혼이 자유로워진다. 입을 다물고 가슴이 말하게 하라. 그런 후에는 가슴을 닫고 신이 말하게 하라.

1,600년 전 세워진 성 마카리우스 수도원 수사들의 생활수칙이다.

수많은 상념이 지나간다.
지금 이 순간 나는 혼자다.
나는 맨 앞이고 맨 끝이다.
팔등에 핏자국이 선명하다.
상처에 풀이 스치자 쓰라리다.
상처 없는 삶이 어디 있으랴.

오후 2시.
연가리골 샘터와 조침령 갈림길이다.
앞서갔던 동준이 나무의자에 누워있다.

숲길이 이어진다. 도토리나무, 단풍나무, 싸리나무…….
계통 없는 나무 군락을 나는 잡목 숲이라 부른다.

여름 산에 전망은 없다.
키 큰 형제나무가 서 있다.
뿌리는 같지만 거리를 두고 서 있다.
형제간에도 적당한 거리가 필요하다.

시인 정우영의 '생강나무'가 생각난다.

마흔여섯 해 걸어 다닌 나보다
한곳에 서 있는 저 여린 생강나무가
훨씬 더 많은 지구의 기억을
시간의 그늘 곳곳에 켜켜이 새겨둔다.
홀연 어느 날 내 길 끊기듯
땅 위를 걸어 다니는 것들 모든 자취 사라져도
생강나무는 노란 털 눈 뜨고
여전히 느린 시간 걷고 있을 것이다.

오후 3시.
멧돼지가 길을 파헤쳐 보이지 않
는다.
멧돼지 길이 대간 길이다.
나무뿌리에서 멧돼지의 거친 숨
소리가 들리는 듯하다.

동준이 또 다시 누워있다.
가까이 다가가도 모른다.
코를 골며 깊이 잠들었다.
숲 속 단잠은 해장국이다.
그는 먹지 못하는 술을 먹으며 또 하나의 백두대간을 넘고 있다.

단풍 군락지다.

단풍나무가 군데군데 무리지어 서 있다.

"와아아! 가을에 오면 환상적이겠는데요. 울긋불긋 단풍 든 모습이 그려지네요."

금강소나무도 예쁘고 무리지어 있는 단풍나무도 예쁘다.

나무마다 생김새와 습성이 다르다.

만유개불성(萬有皆佛性)이다.

나무에도 부처의 성품이 있다.

오후 3시 반.

긴 내리막이 이어진다.

인제군 진동마을이 가깝다.

양양군 황이마을도 산 밑이다.

무릎이 시큰거린다.

동준이 또 보이지 않는다.

그러나 나는 혼자가 아니다.

"어떤 경우에는 내가 이 세상 앞에서 그저 한 사람에 불과하지만, 어떤 경우에는 내가 어느 한 사람에게 세상 전부가 될 때가 있다. 어떤 경우에도 우리는 한 사람이고 한 세상이다."

내가 좋아하는 시인 이문재의 말이다.

오후 4시.

산행 8시간째다.

동준이 무릎에 파스를 뿌린다.

"무릎이 고장 난 것 같아요."

부러진 나무 표지판이 나타난다.

황이리 2km. 양양 윗황이리와 인제 진흑동 마을 갈림길이다.

약초 캐며 넘나들던 심마니 길이다.

길은 남아있지만 인적은 간곳없다.

볕이 열기를 잃자 산 그림자가 깊어진다.

산새소리도 잦아든다.

오후 4시 반.

진이 빠진다.

나무의자에 길게 누웠다.

푸른 창공으로 비행기 한 대가 긴 꼬리를 끌며 하얗게 날아간다.

눈을 감았다. 힘이 빠져나간다.

풀벌레 소리가 가까이 들린다.

맑고 고독한 가을 냄새다.

오후 5시.

쇠나드리 삼거리다.

조침령과 바람불이 구룡령 갈림길이다.

'쇠나드리'의 '쇠'는 소의 옛말로서 소금을 실은 우마차가 조침령을 거쳐 이곳을 자주 넘나들었다고 전해진다.

무릎이 아픈 동준은 멀리 앞서갔다.

오후 5시 반.

멧돼지 소리가 들린다.

한 마리가 아니고 여러 마리다.

가까이에서 점점 크게 들린다.

머리끝이 쭈뼛 선다.

스틱으로 나무를 두드렸다.

산짐승은 소리에 민감하다.

멧돼지가 총총히 사라진다.

꽃이 피어있다.

진보라색이다.

매발톱 꽃이다.

오후 5시 45분.

조침령(750m)이다.

조침령은 인제군 기린면 진동리와 양양군 서면 서림리를 잇는 고개다.

본디 지명은 '반편고개', '반부득고개'다.

옛 문헌인 산경표에는 曹寢嶺, 대동여지도에는 阻沈嶺으로 나와 있지만,

표지석은 鳥寢嶺이다. 무리를 지어 자고 넘는 고개, 새들도 자고 넘을 정도로 험한 고개라는 뜻이다.

돌로 만든 기념비가 서 있다.

3군단 공병여단 장병들이 닦은 작전도로다.

길 굽이마다 젊은 병사들의 땀과 눈물이 배어있다.

나는 이곳 조침령과 서림리, 진동리, 오매자 고개를 오가며 한국전쟁에 푸른 젊음을 바쳤던 장인어른의 삶을 생각했다.

하산을 서둘렀다.

고개 밑으로 굴이 났다.

굴 앞에서 차를 세웠다.

멋진 은색 차다.

경기대 강윤성 교수다.

예술가 냄새가 물씬 난다.

부인과 함께 인제 자작나무 숲을 걷고 온다고 했다.

며칠 후 백두대간 종주기《아들아! 밧줄을 잡아라》1, 2권을 보냈다.

그도 손 편지와 함께 책을 보내왔다.

손수 디자인한 책《복을 담는 주머니 쌈지》다.

그는 함박꽃 같은 사람이다. 참 좋은 인연이다.

 산행 후기

조침령에서 돌아가신 장인어른이 생각났다.

장인은 2016년 1월 12일 84세를 일기로 생을 마치고 국립 대전 현충원 사병묘역에 안장되었다. 그분은 살아계실 때 나만 보면 "김서방, 내가 일어나면 양양 서림에 꼭 한 번 가봤으면 좋겠다"고 했으나, 결국 일어나지 못했다.

서림리는 조침령 아랫마을이다.

장인은 한국전쟁 때 대대본부가 있던 양양군 서면 서림리에서 인제군 기린면 용포와 오미자 고개 등을

장인(정응용) 묘비

오가며 전투를 치렀고 철원 김화지구 전투에서 머리에 포탄 파편을 맞고 쓰러져 후송되었다. 오랫동안 참전유공자로 인정받지 못하다가 김대중 대통령 국민의 정부 때 어렵사리 유공을 인정받아 보훈대상자로 선정되었다. 한국전쟁 당시 장인은 열아홉 살 푸른 나이였다.

▶ 11구간 : 조침령에서 한계령까지

위치 인제군 기린면 ~ 양양군 서면 한계리
코스 조침령 ~ 단목령 ~ 점봉산 ~ 한계령
거리 21km
시간 12시간 반

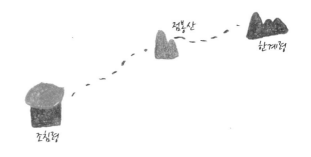

점봉산

한계령

조침령

솔직히 나는 두려웠다.

칠흑같이 어둔 밤, 홀로 맞이해야 할 한계령 암릉과 직벽이 무섭고 두려웠다.

남들은 고수니 뭐니 하지만 그것은 허명이고 산에 들면 생사가 한 순간이
다. 산에 드는 순간 세속의 모든 자리와 관계와 소유는 아무 소용없다.

나는 대장(隊長)이다.

대장은 고독하다.

세상 모든 완장에는 고독과 눈물이 스며있다.

나는 내색하지 않고 함께 갈 사람들을 모았다.

어떤 자는 무릎이 아프다고 했고, 어떤 자는 오려고 했지만 내가 말렸다.

그러나 대다수는 침묵으로 불참을 알렸다.

결국 혼자였다.

아내는 "혼자는 가지 마라"고 했다.

나는 "외롭지만 가야 할 길"이라고 했다.

바람뿐이드라, 밤허고 서리하고 나혼자 뿐이드라.

거러가자, 거러가보자, 좋게 푸른 하눌속에 내피어 익는가.

능금같이 익는가. 능금같이 익어서는 떨어지는가.

오- 그 아름다운 날은...... 내일인가. 모래인가. 내명년인가.

- 故 서정주 시인의 단편(斷片) 중에서

산행 전날, 후배가 보신탕을 샀다.

먹고 싶지 않았으나 속수무책이었다.

나는 산에 들기 전엔 고기를 먹지 않는다.

나는 산과 인간에 대한 예의 사이에서 갈등했다.

새벽 2시.

아내가 먼저 일어났다.

아내가 도시락에 밥을 담고 있다.

오래 전 돌아가신 엄니의 얼굴이 떠오른다.

아내가 손수건으로 꽁꽁 싼 도시락을 건네준다.

"아무리 그래도 조심해요."

아내의 '조심'이라는 말에 신경이 쓰인다.

아침 6시 20분.

인제군 기린면 현리 버스터미널이다.

진동, 진흑동, 설피밭행 버스에 올랐다.

손님은 혼자다.

운전기사가 말했다.

"이 버스는 정부에서 보조해주는 농어촌 버스입니다. 시골 노인네 서너 명과 학교 다니는 애들 몇 명만 타고 다녀요."

"월급은 얼마나 됩니까?"

"백만 원 정도, 겨우 입에 풀칠이나 합니다."

"동서고속도로가 뚫리면 사람들이 많이 오겠지요?"

"그건 그때 가봐야 압니다."

"서울에서 가까우니까 많이 올 수도 있고, 아니면 들르지 않고 곧장 양양까지 갈 수도 있습니다."

'풀칠이나', '그때 가봐야'라는 말이 여운을 남긴다.

버스는 방동약수와 아침가리 계곡을 지나고, 설피밭과 조침령 터널 갈림길에서 딱 한 번 섰다.

설피밭은 인제군 기린면 진동 2리 점봉산 곰배령 자락에 있는 마을이다. 설피는 눈 위를 걸을 때 눈 속에 빠지지 않게 넓적하게 만든 덧신이다.

다래덩굴과 물푸레나무, 노간주나무로 만든다.

조침령 터널(1,152m)이다.

조침령은 양양군 서면 서림리와 인제군 기린면 진동리 경계다.

긴 터널을 지나자 조침령 옛길이다.

옛길은 곡선이고, 새 길은 직선이다.

옛길은 느리고, 새 길은 빠르다.

시인 정호승은 《내 인생에 힘이 되어 준 한 마디》에서 "길도 곡선이 더 여유 있고 아름답습니다. 꼬불꼬불한 산길은 아름다운 여유와 감동을 선사합니다. …… 직선은 변화가 없지만 곡선은 변화가 있습니다. …… 비록 직선이 시간을 단축시킨다 해도 단축된 만큼 삶의 깊은 맛은 주지 못합니다. 그러나 곡선은 느리고 멀리 둘러가도 깊은 맛을 건네줍니다. 그 맛은 사람을 부드럽게 하고 여유를 지니게 합니다. …… 마음을 낮추게 하고 굽히게 합니다"라고 했다.

싸리 꽃이 피었다.

나비가 날고 매미소리가 울창하다.

모든 생명은 소리와 몸짓으로 스스로 살아있음을 보여준다.

가을이다.

가을은 냄새로 오고 소리와 빛깔로 다가온다.

오전 8시.

조침령 표지석이다.

바람소리가 요란하다.

단풍잎 하나가 파르르 떨고 있다.

산안개가 몰려왔다 몰려간다.

안개를 움직이는 건 바람이다.

바람은 보이지 않는 손이다.

도토리와 싸리버섯이 지천이다.

'버섯 박사' 조철묵이 생각난다.

잡목 사이로 길이 겨우 나 있다.

나뭇가지가 팔목과 배낭을 잡아챈다.

산은 적막강산이다.

산은 바람 소리뿐 한 발 한 발 뚜벅뚜벅 나아간다.

입을 닫으니 마음이 문을 연다.

돌아가신 구상 시인이 생각난다.

이제야 비로소 두이레 강아지만큼 은총에 눈이 뜬다.
이제까지 시들하던 만물만상이 저마다 신령한 빛을 뿜고
그렇듯 안타까움과 슬픔이던 나고 죽고 그 덧없음이
모두가 영원한 한 모습일 뿐이다.
이제야 하늘이 새와 꽃만을 먹고 입히시는 것이 아니라
나를 공으로 기르고 살리심을 눈물로써 감사하노라.

오전 9시.
늦은 아침이다.
아침은 물 한 모금과 복숭아 한 조각이다.
인제 국유림관리소에서 설치한 포토 존이다.
사방이 안개에 덮여 있다. 시계 제로다.

북암령 가는 길.
멧돼지 흔적이 선명하다.
밭을 갈아엎듯 파헤쳤다.
서걱이는 산죽 숲으로 마른 몸을 밀어
넣었다.

양양 양수발전소 상부댐이다.

"양수발전은 산 위에 상부댐을 만들고 산 아래 하부댐을 만들어서, 전력소비가 적은 밤 시간을 이용해 하부댐의 물을 상부댐으로 끌어올렸다가 필요할 때 전기를 생산하는 방식이다. 2006년부터 발전방류에 들어간 양양 양수발전소(100만 kw)는 원자로 1기와 맞먹으며, 강원도 전역에 전기를 공급할 수 있다. 전국에는 양양과 청평, 삼랑진, 무주, 산청 등 5곳이 있다."

- 2006년 9월 1일자 〈중앙일보〉 기사 중에서

오전 10시.

처음으로 사람을 만났다.

여자 둘, 남자 셋이다.

내가 먼저 물었다.

"한계령에서 출발했나요?"

"예. 새벽 2시에 떠났어요."

"단목령 초소에 지키는 사람이 있나요?"

"우리가 지나올 때는 없었습니다."

그들은 새벽을 뚫고 한계령 암릉을 넘어왔다.

불광불사(不狂不事)다. 미치지 않고는 이룰 수 없다.

어디 백두대간만 그렇겠는가?

오전 10시 40분.

북암령(北巖嶺)이다.

북암령은 인제군 기린면 진동리와 양양군 서면 북암리를 잇는 백두대간 고개다. 세계적인 희귀식물인 한계령 풀의 집단 서식지로 유명하다.

또 다시 사람을 만났다.

북진하는 사람은 나 혼자다.

"혼자시네요?"

"네."

"무섭지 않으세요?"

"괜찮습니다."

"무소의 뿔이네요."

"그물에 걸리지 않는 바람이지요."

"하하하."

오전 11시 15분.

바람이 잦아든다.

해가 나기 시작한다.

소나무 그늘이 깊다.

솔바람이 선선하다.

잠자던 폐부와 세포가 살아난다.

큰 나무가 쓰러졌다.

옆에 있던 나무도 가지가 부러지고 껍질이 벗겨지는 큰 상처를 입었다.

돌아가신 노무현 대통령이 생각난다.

그는 자기를 돕다가 두 번이나 구속된 강금원을 일러 "강금원에 면목 없다. 모진 놈 옆에 있다가 벼락을 맞았다. 미안한 마음 이루 말할 수 없다"라고 했다.

삐삐삐삐, 쪽쪽쪽 ……·.

새소리가 정겹다.

목소리도 각각, 생김새도 제각각이다.

살아있는 것은 모두 다르다.

언어도 다르고 사는 방식도 다르다.

모든 생명은 그 자체로 소중하고 고귀하다.

설악이 안개에 싸여있다.

설악이 잠깐 나타났다 사라진다.

설악의 전경은 설악 밖에 있다.

대청, 중청, 서북능선으로 이어지는 유

장한 곡선의 파노라마가 보고 싶다.

오전 11시 반.

가까이에서 물소리가 들린다.

첩첩산중 강선리 계곡 상류다.

물 중의 물, 백두대간 청정수에 얼굴을 씻으니 머리가 맑아진다.

징검다리를 사이에 두고 길이 갈린다.

이쪽은 단목령, 저쪽은 실피밭이다.

오전 11시 50분.

단목령(檀木嶺, 855m)이다.

단목령은 백두대간 점봉산 동쪽에 있는 고개다.

박달나무가 많다 하여 박달령으로 부르기도 한다.

단목령은 양반의 언어요, 박달령은 심마니 언어다.

단목령과 박달령은 같지만 다르고, 다르지만 같다.

이곳에서 오색과 설피밭, 북암령과 점봉산 길이 갈린다.

백두대간 고개는 만남의 광장이자 교차로다.

점봉산 긴 오르막이다.

한 길 넘는 산죽 길이 이어진다.

숨이 턱에 닿는다.

땀이 뚝뚝 떨어진다. 땀은 해독제요, 정화제다.

땀 냄새를 맡고 날파리가 달려든다.

쉴 새 없이 따라오며 끈질기게 달려든다.

낮 12시 반.

도시락을 펼쳤다.

"고수레! 고수레!"

밥을 떼어 사방으로 던졌다.

날파리떼가 금세 사라졌다.

나눔 효과다. 산에서 배우는 나눔의 미학이다.

밥을 먹고 나니 몸이 무겁다.

천근만근이다.

발걸음이 더디다.

표지판이 '점봉 8'을 가리킨다.

한 개마다 500m 간격이니 산 정상까지 4km다.

긴 오르막을 막대기만 보며 한 발 한 발 나아간다.

땅에서 축축한 열기가 훅훅 올라온다.

얼굴에서 땀이 뚝뚝 떨어진다.

마른 몸은 땀범벅이다.

땀은 어디에서 와서 어디로 가는 걸까?

마른 몸에서 땀이 쉴 새 없이 떨어진다.

몸이 힘들면 생각이 없다.

생각도 몸이 편할 때 얘기다.

곳곳에 큰 나무가 부러졌다.

어떤 나무는 밑동 째 뽑혔다.

지난겨울 영동과 백두대간에 1m 가 넘는 폭설이 왔다.

눈은 약하지만 쌓이면 강한 소나 무도 부러뜨린다.

오후 1시 반.

'점봉 6'이다.

땀샘이 말랐는지 땀이 나지 않는다.

목이 탄다. 솔잎을 한 줌 따서 씹었다.

입안에서 달고 텁텁한 맛이 느껴진다.

중국 명나라 때 이시진(1518-1593)은《본초강목》에서 솔잎의 효능에 대 하여 이렇게 말했다.

"松葉(別名)松毛 氣味苦溫(主治)

風溼瘡 生毛髮 安五臟 守中 不飢延年

솔잎은 맛이 맵고 달다. 상처를 낫게 하고, 머리카락을 나게 하며, 오장을 편안하게 하고, 오래도록 배고프지 않게 한다."

– 고문사 刊, 이시진 著,《도해본초강목》1,099페이지 중에서

산안개가 짙다

설악이 보이지 않는다.

설악은 문을 열지 않는다.

다시 솔잎 한 줌을 입에 넣었다.

'점봉 5'. 이제 2.5km다.

쓰러진 나무가 길을 막았다.

나무 위에 몸을 눕혔다.

눈을 감았다.

바람소리가 들려온다.

바람소리가 파도소리다.

바람이 구석구석 파고든다.

바람을 타고 땀방울이 날아간다.

백두대간 바람 마사지다.

오후 2시.

오르막이 이어진다.

발걸음이 천근만근이다.

머릿속이 텅 비었다.

결국 체력 싸움이다.

허기와 갈증이 몰려온다.

아내가 넣어준 복숭아를 꺼냈다.

매실물과 솔잎으로 원기를 보충했다.

오후 2시 50분.

점봉산(點峰山, 1,424m)이다.

점봉은 1993년 유네스코에서 생물보전 핵심지역으로 지정한 생태계의
보고(寶庫)다. 오는 2026년까지 입산이 통제되고 있으며, 산 아래 곰배령
은 동자꽃, 노루오줌, 달맞이꽃 등 야생화 천국으로 알려져 있다.

산 정상은 온통 구름밭이다.

쏴아아~ 쏴아아~…….

바람을 타고 산안개가 이리저리 흔들린다.

건너편 대청, 중청, 소청으로 이어지는 설악 능선이 실루엣으로 아련하다.

표지석 앞에 무릎을 꿇었다.

4년 전 아들과 함께 했던 '점봉의 추억'이 되살아난다.

"천지신명이시여, 보잘 것 없는 저를 이렇게 받아주셨으니 산안개를 거두
어 설악을 보여주시고, 하산 길도 끝까지 함께하여 주소서."

정상은 잠깐이다.

오래 머물 수 없다.

모든 정상의 숙명이다.

구름이 조금씩 걷히기 시작한다.

오후 3시.

한계령 하산이다.

하산은 깊고 빠르다.

하산은 방심으로 위험하다.

빨간 열매가 눈에 띈다. 마가목 열매다.

모든 열매는 땀과 눈물의 결정체다.

오후 3시 20분.

망대암산(望對巖山, 1,234m)이다.

조선시대 산 북쪽에서 엽전을 몰래 주조하던 주전골을 감시하던 봉우리다. 위로는 점봉산, 아래로는 한계령, 건너편은 대청봉이 한눈에 바라보이는 최고의 전망대다.

최고의 전망대에 전망은 없다.

산안개가 이리저리 흔들린다.

하산 길 바위타기가 시작된다.
비에 젖은 바위와 나무뿌리가 미끄럽다.
아내가 건네 준 빨간 목장갑을 꺼냈다.

암릉을 넘어서자 산죽 길이다.
키를 넘는 산죽이다.
산죽 숲에 몸을 밀어 넣었다.
댓잎에서 물이 뚝뚝 떨어진다.
얼굴을 적시고 등을 적신다.
물먹은 댓잎이 팔등을 스친다.

오후 4시.
산행 아홉 시간째다.
갈림길이 나타난다.
정면은 나뭇가지로 막혀있고, 우측 길은 열려있다.
별 생각 없이 우측으로 내려섰다.
물소리가 들린다.
아무래도 이상하다. 능선에서 벗어났다.
잠시 멈추고 지도와 나침반을 찾았다.
그러나 아아, 지도와 나침반이 없다.
필수장비를 빠뜨렸다. 진땀이 난다.

길을 잘못 들었다.

이 길은 십이담계곡길이다.

이 길로 내려서면 십이폭포와 남설악 주전골과 흘림골로 이어진다.

선택의 갈림길이다.

날은 곧 어두워질 것이다.

후일을 기약하고 그냥 이 길로 내려갈 것인가, 아니면 다시 갈림길로 올라가 제대로 된 길을 찾아 갈 것인가?

"모험의 세계에서는 상황이 나쁘게 전개될 경우 일단 물러나는 것도 용기다. 후퇴는 전진을 위한 기회일수 있기 때문이다."

세계 최초로 히말라야 에베레스트에 올랐던 뉴질랜드 출신 산악인 에드먼드 힐러리 경의 말이다.

지금 이 순간 기댈 곳은 아무도 없다.

잠시 눈을 감고 호흡을 가다듬었다.

결정은 단호했다.

빠르면 빠를수록 좋다.

산에서 비박할 각오를 했다.

남은 것은 물 반병과 건빵 한 봉지다.

오던 길을 되돌려 망대암산으로 향했다.

계곡에서 주 능선 오름길은 숨차다.

얼굴에서 식은땀이 뚝뚝 떨어진다.

오후 5시 반.

다시 망대암산이다.

한 시간 반을 버렸다.

길을 찾았으나 보이지 않았다.

산안개가 몰려가고 어둠이 밀려든다.

점봉산을 뒤덮었던 안개가 벗겨진다.

땀을 훔친 후 카메라를 꺼내들었다.

올라온 길을 다시 내려갔다.

십이담계곡 갈림길까지 속보다.

나뭇가지에 옷이 걸려 찢어졌다.

며칠 전 아내가 사준 새 옷이다.

아내 생각에 가슴이 뭉클하다.

이슬을 피할 수 있는 바위가 나타난다.

길을 찾지 못했을 때 밤을 새울 곳이다.

북암령 이후 사람 그림자도 보이지 않는다.

처음으로 사람이 그리웠다.

다시 십이담계곡 갈림길이다.

직진 길을 막아놓았던 나뭇가지를 걷어내고 용기 있게 나아갔다.

길이 보였다.

아아! 백두대간 길이다.

팽팽하던 풍선에서 바람이 쑤욱 빠져나가듯 힘이 쑤욱 빠진다.

그 자리에 털썩 주저앉았다.

…… 그 여름 나는 폭풍의 한가운데 있었습니다.

그 여름 나의 절망은 장난처럼 붉은 꽃들을 매달았지만

여러 차례 폭풍에도 쓰러지지 않았습니다.

넘어지면 매달리고 타올라 불을 뿜는

나무 백일홍 억센 꽃들이

두어 평 좁은 마당을 피로 덮을 때,

장난처럼 나의 절망은 끝났습니다.

　　　　　　　－ 시인 이성복의 '한여름의 끝' 중에서

누군지는 몰라도 길을 잘못 들까봐 대간 길을 나뭇가지로 막아놓았던 것이었다.

그러나 누구를 원망하랴.

자만하며 준비를 소홀히 한 탓이다.

마음은 급하고 걸음은 더디다.

다시 키를 넘는 산죽 터널이다.

새 한 마리가 빠르게 앞서간다.

녀석은 계속 뒤를 돌아보며 빠르게 걸어간다.

순간 새가 산신령의 화신일지도 모른다는 생각이 머릿속을 스친다.

"얘야, 고맙구나. 친구가 되어 줘서. 내가 지금 무척 힘들거든. 내 마음 알지? 암릉을 무사히 내려갈 수 있도록 꼭 좀 도와주렴……"

"뾰로롱, 뾰로롱."

산새와 대화를 나눴던 프란치스코 성인이 생각난다.

오후 6시.

UFO 바위다.

바위가 비행접시를 닮았다.

체력이 급격히 떨어진다.

백보를 걷고 일분 쉬고를 반복한다.

나무 등걸에 몇 번이나 누웠다.

남은 물과 식량을 모두 비웠다.

이젠 땀도 나지 않는다.

"고통은 스승이다. 고통의 숨결 속에서 영혼은 성숙한다."

작곡가 요한 세바스찬 바흐의 말이다.

저녁 7시.

한계령 불빛이 반짝인다.

설악이 살짝 모습을 드러낸다.

언제 봐도 설악 전경은 압권이다.

지나온 길이 아스라이 펼쳐진다.

본격적인 암릉 바위타기가 시작된다.

목이 탄다.

허기가 진다.

콜라와 아이스크림이 먹고 싶다.

하산 길.

암릉은 위험하다.

한 발 한 발에 생사가 달려있다.

해가 지자 금세 어둠이 몰려온다.

밧줄을 잡았다. 손에서 땀이 난

다. 랜턴으로 어둠을 헤쳐 보려 했

지만 밑은 여전히 깜깜하다.

한 발 삐끗하면 그 걸로 끝이다. 나는 지금 산에 목숨을 걸었다. "백두대
간은 미친 짓이다"라는 말은 여전히 유효하다. 나를 산으로 불러 이 미친
짓을 계속하게 하는, 보이지 않는 힘은 도대체 어디에서 오는 걸까?

직벽이다.

설악 전경이 한눈에 들어온다.

손가락 하나 까딱하기 싫지만 카메라를 꺼내 들었다.

이건 순전히 기록하는 자의 본능이다.

온몸이 쑤시고 아프다.

성한 곳이 하나도 없다.

산에서 산 몸살이 났다.

자만을 경고하는 신의 메시지다.

"이번에는 이만해 두지만 다음번에 또 그러면 그때는 크게 혼난다."

바위에 대자로 드러누웠다.

눈을 감았다.

바람이 몸을 스치고 지나간다.

아아! 이대로 산산이 부서져 점봉의 바람으로 떠돌고 싶다.

사투다.

악전고투다.

밧줄과 나무뿌리를 잡을 때마다 함께 이 길을 걸어왔던 자들의 목소리와 환영이 선명하게 되살아난다.

만일 밧줄과 나무뿌리가 끊어진다면 나는 점봉에서 산이 될 것이다.

오후 8시.

필례약수 갈림길이다.

찻소리가 가깝다.

물소리가 들려온다.

계곡물에 코를 박았다.

허겁지겁 벌컥벌컥 들이켰다.

털썩 주저앉았다.

휴우!

한숨이 터진다. 눈물이 난다.

머리 위로 별빛이 쏟아진다.

드러누웠다. 눈을 감았다.

지나온 길이 꿈만 같다.

오후 9시.

한계령 휴게소다.

차량 불빛이 따스하다.

주린 몸은 냄새에 민감하다.

그저 냄새만 맡아도 배부르다.

콜라와 아이스크림 두 개를 샀다.

밥이 나오기 전, 콩나물국 세 그릇을 연거푸 들이켰다. 나는 콩나물국이 이렇게 맛있는 줄 몰랐다.

 ## 산행 후기

산에 들기 전, 금기를 지키지 못했다.

무슨 과학적인 근거가 있는 건 아니지만 영 개운치 않았다.

처음엔 괜찮았는데, 점봉산 하산 길부터 문제가 생기기 시작했다. 옷이 나뭇가지에 걸려 찢어지고, 길을 잃고 헤매기도 했다.

돌아오는 길에 차까지 말썽을 부렸다.

인과응보다.

철저히 준비하지 못한 탓이다.

음식도 절제하지 못했고, 지도와 나침반도 챙기지 못했다. 그동안 자만의 늪에 빠져 해이했던 탓이다. 고생은 했지만 깨우침도 컸다. 산 타는 자는 이 미욱한 자의 경험을 타산지석으로 삼았으면 한다.

가을이 깊어간다.

백두대간 마루금에는 산열매가 익어가고 야생화도 지천이었다. 구절초, 물봉선화, 제비붓꽃 등 가을꽃은 형형색색으로 고왔고 선명했다.

이제 강원도 백두대간은 설악으로 들어선다.

한계령 ～ 대청봉 ～ 공룡능선 ～ 마등령 ～ 저항령 ～ 미시령으로 이어지는 장쾌한 설악 능선을 마음과 마음으로 넘고 싶다.

대청봉 아래 빛나는 빨간 우체통을 보고 싶다. 우체통에 손으로 꾹꾹 눌러 쓴 사랑 담은 가을 편지 한 장 넣어 보내고 싶다.

▶ 12구간 : 한계령에서 설악산 희운각까지

위치 양양군 서면 ~ 인제군 북면 백담로
코스 한계령 ~ 중청봉 ~ 대청봉 ~ 희운각
거리 11km
시간 8시간(희운각 ~ 설악동 제외)

대청봉 편지

대청봉

희운각

한계령

그날 나는 국립공원 헬기를 타고 설악 창공을 날았다.

창공을 가르는 프로펠러 소리가 귀청을 찢었고, 바짓가랑이 사이로 칼바람이 숭숭 파고들었다. 발밑은 잔설로 뒤덮인 설악 능선이 햇볕을 튕겨내며 뱀처럼 꿈틀거렸다. 기체가 강풍에 움찔거릴 때마다 추락을 상상하며 죽음을 생각했다. 강석기는 눈을 감고 공포를 견뎠으나 이진학과 이도윤은 태연자약했다.

2013년 4월 30일 오후 2시.
설악산 중청대피소에 빨간 우체통이 섰다.
국토의 근간인 백두대간 마루금에 위치한 최고(最高)의 우체통이다.

우체통에는 땀과 노고가 스며있다.

　안현주와 김경래는 박문희와 함께 국립공원 관계자를 만나서 밥을 먹었고, 허찬범은 강릉에서 크고 반듯한 대리석을 구해왔다.

　이진학과 정정훈은 허찬범과 함께 우체통 도색에 정성을 기울였고, 정수미는 기념도장과 기념엽서 준비에 땀 흘렸다.

　강석기는 대청을 몇 번이나 오르내리며 사진을 담았다.

　우리는 보람으로 전율했고 긍지와 자부심으로 충만했다.

　산행 전날, 후배 김상진이 추어탕을 샀다.

　그는 "가을산행엔 가을고기가 최고"라고 했다.

　정수미는 '2014 Soul Korea 5천만 편지쓰기' 안내문과 하트 무늬가 새겨진 도장과 스탬프를 가져왔다.

　강원도 백두대간 제12구간.

　한계령에서 대청봉을 거쳐 공룡능선, 마등령, 저항령, 미시령으로 이어지는 설악능선은 백두대간 중에서도 백미로 손꼽히는 구간이다. 긴 구간을 반으로 줄여서 사람을 모았다.

어떤 자는 "자신이 없다"고 했고, 어떤 자는 "코스가 마음에 들지 않는다"고 했다. 어떤 자는 "약속이 있다"고 했고, 또 어떤 자는 '가려는 자'를 말리기도 했다.

"인생에는 놀라운 법칙이 숨어있다. 자기 자신이 믿고 생각한 대로 삶은 흘러가며, 세상은 무엇이든 시도하는 자에게 길을 열어준다."
《스마트한 성공들》의 저자 마틴 베레가드의 말이다.

설악이 단풍으로 곱게 물들던 날, 동준의 차를 타고 한계령을 넘었다.

오색약수에 차를 두고 택시를 탔다.

택시기사는 "대청봉에서 오색 하산 길은 도가니가 작살나는 길"이라고 했다. 그는 "열일곱 살 때부터 30년 동안 산을 타면서 깨달은 게 하나 있는데 그것은 '하산할 때 발뒤꿈치를 먼저 딛고 무릎을 펴야 한다"는 것이었다.

아침 7시 반.

한계령이다.

"한계령은 원래 오색령이다. 1971년 김재규가 3군단장 시절 1102 야전공병단이 도로를 개통시켰다. 그때 군인들이 오색령을 한계령이라 불렀다. 공병대가 한계리에 머물러 있어서 그랬는데 어느새 정식 이름이 되어버렸다. ……"

– 〈월간 사람과 산〉 산악인 정덕수 인터뷰 중에서

그래도 나는 '오색령'보다 '한계령'이 좋다.

김명숙은 설악이 처음이다.

그는 긴장으로 설레었다.

그는 느리지만 끈질기다.

그는 설악에 들기 전 치악을 두 번이나 종주하며 심신을 닦았다.

신국언은 원주 사람이다.

그는 논산훈련소 조교 출신이다.

모자를 눌러 쓰면 포스가 느껴진다.

말도 빠르고 걸음걸이도 빠르다.

이동준은 백두대간 총무다.

그는 조침령에서 한 번 빠졌다.

무릎이 아파서 못 가겠다고 했는데, 이번엔 무릎보호대를 하고 동행했다.

그의 용기와 집념이 놀랍다.

초입은 언제나 숨차고 가파르다.

사람은 올라가고 단풍은 내려온다.

기상청 단풍예보에 의하면 올해 단풍은 9월 30일 설악산 대청봉에서 시작해 하루 평균 20~25km를 달려서 한 달 만에 해남 두륜산 가련봉에 닿는다.

단풍의 절정은 산꼭대기에서 산 아래까지 80% 가량 물들었을 때다.

북서쪽으로 귀때기청봉(1,577.6m)이 선명하다.

'대청, 중청, 소청, 끝청 형님들한테 까불다가 귀싸대기를 얻어맞고 한구석으로 밀려났다'고 귀때기청봉이다.

우화 속에 교훈이 들어있다.

귀때기청봉은 무례한 자에 대한 경고다.

아산에서 온 부부와 꼬맹이 삼형제를 만났다.

김민권(14), 김민준(12), 김민서(10)는 산 좋아하는 엄마의 강권으로 아빠와 함께 전날 밤 11시 집을 나섰다.

여자는 약하지만 엄마는 강하다. 충청도 아산 엄마의 대청봉 승리다.

선두는 신국언, 후미는 김명숙이다.

명숙은 동준의 스틱을 잡고 숨차다.

그가 가쁜 숨을 몰아쉬며 말했다.

"설악산을 만만히 봤다가 혼나는데요."

만만한 산도 없고 만만한 사람도 없다.

오전 9시 15분.

서북능선 삼거리다.

설악 전경이 한눈에 들어온다.

인간의 눈은 최고의 사진기다.

울산바위와 동해가 찰떡궁합이다.

"와아아! 멋있다. 가슴이 탁 트인다."

인간의 언어는 자연의 풍광을 담아내기에는 턱없이 불완전하다.

　시인 이문재는 "문득 아름다운 것과 마주쳤을 때 지금 곁에 있으면 얼마나 좋을까 하고 떠오르는 얼굴이 있다면 그대는 사랑하고 있는 것이다"라고 했다.

　끝청 가는 길은 돌길의 연속이다.

한계령 건너 점봉산이 지척이다. 점봉산 너머 조침령과 구룡령을 잇는 백두대간 마루금이 구불구불 한 줄이다.

부부 산행자가 빠르게 지나간다.
"뭐가 그리 급해요? 경치도 보면서 조금 쉬어 가세요. 빨리 가는 게 목적이 아니잖아요."
"맞아요! 그건 그래요. 우리 신랑은 뭐가 그렇게 급한지 그냥 앞만 보고 가요. 자기는 빠르다고 자랑하는데 빠르면 뭐해요. 나는 저 사람이 왜 산에 다니는지 모르겠어요."

그렇다. 때로는 멈춰 서서 지나온 길을 돌아보기도 하고, 가야 할 길을 가늠해 보기도 해야 한다.
속도를 늦추면 보이지 않던 것들이 눈에 들어오기 시작한다.

오전 10시.
명숙이 지치기 시작한다.
"나는 숨이 많이 차요."
그는 아침도 굶었다고 했다.

뾰죽뾰죽 돌길이 한참이나 이어진다.
바람을 타고 단풍이 하얗게 우수수 쏟아진다.

낙엽더미에서 다람쥐가 도토리를 물고 바위틈으로 사라진다.

산열매는 사람들 차지다.

먹이와 보금자리를 빼앗긴 산짐승은 먹이를 찾아 민가로 내려온다.

짐승도 먹고 살기 위해 목숨을 걸어야 한다.

어디 산짐승뿐이랴.

살아있는 것들은 살기 위해 먹지만 언젠가 죽어야 한다.

먹이를 위해 인간과 짐승이 싸우고 인간과 인간, 짐승과 짐승이 싸운다.

"인간은 비루하고, 인간은 치사하고, 인간은 던적스럽다. …… 나는 나와 이 세계 사이에 얽힌 모든 관계를 혐오한다. 나는 그 관계의 윤리성과 필연성을 불신한다. 나는 맑게 소외된 자리로 가서, 거기서 새로 태어나든지 망하든지 해야 한다."

김훈 선생의 《공무도하》 서문이다.

선생의 글귀가 가슴을 후벼 판다.

끝청 오르막이다.

"끝청은 꼭지다. 꼭지가 보이면 힘들다."

오르막에서 땀을 쏟는다.

오른 만큼 전망이 터진다.

높이 나는 새가 멀리 본다.

낮 12시.

끝청봉(1,604m)이다.

봉정암과 용아장성이 이웃이고, 대청, 중청, 소청, 공룡능선, 저항령, 미시령, 진부령, 향로봉 너머 금강산으로 이어지는 백두대간 마루금이 한 줄로 선명하다.

멀리 대청봉 밑 빨간 우체통이 한 점으로 반짝인다.

오후 1시.

중청대피소다.

사람들이 뭉게구름이다.

우체통 앞으로 달려갔다.

신국언이 우체통을 쓰다듬었다.

신국언은 속초에서 120일을 살았다.

그는 속초를 좋아했으나 오래있지 못했다.

그는 우체통을 몇 번이나 쓰다듬으며 아쉬워했다.

가을 엽서와 '5천만 편지쓰기' 안내문을 꺼냈다.

우체통 옆에서 가을 엽서를 나눠 주며 말했다.

"여러분, 손 편지를 써서 여기 우체통에 넣어주세요."

"아, 나도 편지를 써야겠다. 편지 써본 지 십년도 넘은 것 같은데, 부모님께 편지를 써야겠다."

그는 볼펜을 꺼내서 즉석에서 편지를 썼다.

김명숙도 손 편지를 써서 우체통에 넣었다.

그가 빨간 우체통 앞에서 환하게 웃었다.

우체통 주위로 사람들이 몰려든다.

가지고 간 엽서가 금방 동이 났다.

"엽서 더 없어요?"

"다 떨어졌습니다."

"매점에서 팝니다."

대청봉 우체통과 김명숙

"지금 우리 사회는 생각의 속도가 너무 빠르다……. 그러나 생각은 속도
의 영역이 아니다. 생각은 깊이와 방향성의 영역이다. 그래서 생각에는 뚝
심이 필요하다. 비록 느려 보이지만 뚝심 있게 천천히 오랫동안 생각하는
습관이 중요하다. 이제 생각의 폭주를 멈춰야 한다. 생각의 속도를 늦추려
는 자발적인 노력이 필요하다."

– 2014년 10월 13일자 〈조선일보〉, 서울대 교수 최인철 기고문 중에서

'생각의 속도를 늦추려는 자발적인 노력'이 바로 편지쓰기다.

중청대피소에 안내문을 붙이고 직원에게 하트 도장과 스탬프를 건넸다.

국립공원 직원이 말했다.

"와아아! 이거 근사한데요. 편지쓰기 운동 우리하고 같이 했으면 더 좋았
을 텐데, 무척 아쉽네요. 내년에는 언론사 기자들과 국립공원 직원 그리고
우체국 사람들이 여기 우체통 앞에 모여서 산악인과 함께 '편지쓰기' 행사
를 하면 어떨까요?"

아! 그렇다.

역시 국립공원 사람들은 보는 눈이 다르다.

마음이 열려있다. 생각의 크기가 설악산이다.

오후 2시.

대청봉이다.

하늘은 깊고 가을빛은 찬란하다

가을빛이 무진장으로 쏟아진다.

대청봉 아래 산 물결이 금빛으로 출렁인다.

지나온 백두대간의 시간과 사람들이 되살아난다.

선후배, 동료, 아들 그리고 지인과 후원자들……

돌아보면 사는 일은 누군가에게 빚지는 일이다.

"줄을 서시오."

대청에 오른 자들이 표지석 앞에 한 줄이다.

"아예, 표지석을 몇 개 더 만들면 어 떨까요?"

"배경이 달라져서 좀 이상하지 않을 까요?"

순서를 기다리며 모두가 득의만면(得意滿面)이다.

명숙은 대청봉에서 하산을 결심했다.

"저는 아무래도 오색으로 내려가는 게 나을 것 같아요. 괜히 저 때문에 다른 분들 고생시킬 것 같습니다. 먼저 내려가서 차를 가지고 설악동에 가서 기다리고 있을게요."

섭섭하게, 그러나 아조 섭섭치는 말고 좀 섭섭한 듯만 하게.
이별이게, 그러나 아주 영 이별은 말고 어디 내생에서라도 다시 만나기로 하는 이별이게…….

– 미당 서정주 선생의 '연꽃 만나고 가는 바람같이.'

우리도 잠시 이별이다.
하산하는 그녀의 등 뒤로 가을 햇살이 눈부시다.

희운각으로 향했다.
본디 백두대간은 대청봉에서 희운각으로 곧바로 내려가는 암릉길이다.
일명 '죽음의 계곡'이다.
3년 전 고향 선배 한 명이 이 길로 내려가다 굴러 떨어져 크게 다쳤다.

희운각 내리막.
설악은 단풍이 절정이다. 대청봉, 화채봉, 칠성봉, 권금성을 잇는 크고 작

은 봉우리 행렬이 진경산수화다.

용아장성, 공룡능선, 울산바위와 동해 전경이 눈 속으로 미끄러져 들어온다. 아아! 압권(壓卷)이다.

오후 2시 50분.

봉정암과 희운각 갈림길이다.

설악동 19.8km, 희운각 1.3km, 봉정암 1.1km, 백담사 11.7km.

봉정암과 용아장성이 손에 잡힐 듯 가깝다.

용아장성은 공룡능선과 함께 내설악의 대표적인 암봉이다. 용의 이빨처럼 날카로운 아홉 개의 험한 암봉으로 이루어져 있으며, 우리나라 축구 국가대표 감독을 지냈던 함흥철이 2000년 9월 11일 이곳에서 생을 마쳤다.

오후 3시 10분.

희운각 대피소가 내려다보이는 급경사 계단이다.

앗!

물먹은 낙엽에 미끄러지면서 몸이 중심을 잃고 허공을 날았다.

계단에 부딪히며 정신없이 굴렀다.

눈을 감고 한참동안 누워 있었다.

무릎과 입술에서 피가 배어나왔다.

가슴과 허벅지에 통증이 엄습했다.

통증은 예리했고 깊숙이 파고들었다.

눈물이 났다. 나는 조금씩 움직여서 겨우 일어났다.

희운각(喜雲閣) 대피소다.

> 1969년 2월 한국산악회 소속 제1기 에베레스트 원정대가 대청봉 밑 반내피골(죽음의 계곡)에서 동계전지훈련을 하다가 계속되는 폭설로 대원 전원(10명)이 조난되었고, 한 달 후 주검으로 발견되었다. 그해 10월 산악인 희운(喜雲) 최태묵 선생이 고인의 넋을 기리고, 설악을 찾는 산악인의 안전을 위해 사재를 털어 이곳에 대피소를 세웠다.

고 최태묵(1920-1991) 선생과 노루목에 잠들어 있는 산악인을 생각하며 묵념으로 기도했다.

의자에 걸터앉자 가슴과 허리가 결렸다.

통증은 깊었으나 내색할 수 없었다.

신국언이 물었다.

"어디 아프세요?"

"괜찮습니다."

대장은 아프면 안 되었다.

하산할 때까지 내색하지 않았다.

오후 4시.

공룡능선을 뒤로 하고, 천불동 계곡으로 하산이다.

깎아지른 바위, 불타는 단풍 사이로 하얀 물줄기가 쉴 새 없이 쏟아진다.
그 유명한 천당(天堂)폭포다.

산과 봉, 계곡과 능선, 바위와 폭포에 모두 이름이 붙어있다.
이름을 만든 자가 누굴까?
이름을 붙이고 스토리를 만들면 상품이 된다.
이름만 잘 붙여도 절반은 성공이다.

내가 그의 이름을 불러주기 전에는
그는 다만 하나의 몸짓에 지나지 않았다.
내가 그의 이름을 불러주었을 때
그는 나에게로 와서 꽃이 되었다…….

돌아가신 김춘수 시인의 '꽃'이 생각난다.
사람은 가도 시는 남아서 마음을 울린다.

천당수에 발을 담갔다.

실핏줄을 타고 찬 기운이 올라온다.

뭉쳐있던 발과 종아리 근육이 꿈틀댄다.

눈을 감고 물소리에 귀를 열었다.

몸과 마음이 물 따라 흘러간다.

이동준과 신국언은 뛰는 듯이 걸었다.

나는 천천히 가며 아픈 몸을 추슬렀다.

대장은 아프면 안 되었다.

나는 몸에게 미안했다.

바람이 훑고 지나갈 때마다 나무에 매달린 단풍잎이 하나둘 떨어진다.

노랗고 빨간 이파리가 허공을 가르며 춤추듯 하늘하늘 곡선으로 내려온다.

양폭산장을 지나자 비선대다.

앞서가는 젊은이에게 말을 걸었다.

"왜 그렇게 급하게 가세요?"

"어두워지기 전에 도착하려구요."

"조금 어두우면 안 되나요?"

"내려가기 불편하잖아요."

"조금 불편하면 안 되나요?"

"에이, 그래도 빨리 내려가서 쉬는 게 낫지요."

사람들은 빠르고 편한 게 최고라고 생각한다.

빠른 자는 더 빠르다가 지쳐 쓰러지고, 뒤선 자는 쓰러진 자를 밟고 달려간다. 그러나 앞선 자나 뒤선 자나 머지않아 한곳에서 만난다.

덜 먹고, 덜 가지고, 조금 내려놓으면 세상과 사람이 고마워진다.

옛 어른들은 "쳐다보고 살지 말고 내려다보고 살아라"고 했다.

오후 6시.

신흥사 대불(大佛)이다.

우리는 뭐든지 커야 한다. 집도 크고, 차도 크고, 법당도 크고, 성당도 크고, 예배당도 커야 한다.

또한 예뻐야 한다.

그런데, 그런데 말이다.

코스모스는 코스모스대로 예쁘고, 구절초는 구절초대로 예쁘지 않은가?

목련처럼 홀로 우아하게 피는 꽃도 있고, 벚꽃처럼 무리지어 피는 꽃도 있다.

봄에 피는 꽃도 있고 가을에 피는 꽃도 있다.

깊은 산골짝에 이름 없는 들꽃으로 피었다가 소리 없이 지는 꽃도 있다.

나는 다시 세상으로 돌아왔다.

"그대는 등산의 완성이 뭔지 아는가? 바로 출발한 그곳에 무사히 돌아오는 것이다. 가족과 소중한 사람들이 기다리는 그곳 말이다. 살아 돌아오는 게 자랑이어야 한다. 정상은 그저 반환점에 불과할 뿐이다."

올해 일흔일곱 살 된 코오롱등산학교 교장 이용대 선생의 말이다.

 산행 후기

김명숙은 감개무량했다.

"와아아! 이렇게 힘든 줄은 정말 몰랐어요. 그래도 처음 대청봉에 올랐고, 백두대간에도 이름을 올렸으니 엄청 뿌듯합니다."

이동준과 신국언은 시종일관 여유가 넘쳤다. 특히 동준은 한계령에서 대청봉까지 힘들어하는 명숙을 끌어주고 밀어주며 격려로 빛났다.

신국언은 대청봉 우체통을 몇 번이나 쓰다듬으며 속초에서 살았던 120일을 보람과 긍지로 회고했다.

돌아오는 길에 '뚜거리탕'을 먹었다.

양양 월웅식당 주인은 "민물고기를 직접 잡아서 매운탕을 끓였다"고 했다. 나는 콧물을 뚝뚝 흘리며 매운 맛에 취했다.

나는 집으로 돌아와 이틀 동안 끙끙 앓았다.

전파를 끄고 하루 한 끼만 먹으며 두문불출했다.

나는 아프면 먹지 않고, 읽지 않고, 말하지 않는다.

나는 이 글을 오래 썼고 힘들게 썼다.

▶ 13구간 : 희운각에서 마등령까지

위치 인제군 북면 ~ 인제군 북면 용대리
코스 희운각 ~ 공룡능선 ~ 마등령
거리 5km
시간 4시간 반(마등령 ~ 설악동 제외)

설악산에는 공룡이 한 마리 살고 있다.

공룡 이름은 백두대간 티라노사우루스다.

티라노사우루스는 6600만 년 ~ 6800년 전 북아메리카 대륙 서쪽에 살았
던 공룡이다.

산 타는 자들은 그냥 공룡능선이라 부른다.

공룡능선은 희운각에서 마등령까지 약 5km에 이르는 암릉구간이다.

칼럼니스트 최원석은 "공룡 이름은 라틴어를 사용하며, 그 특징이나 발견
된 장소와 관련된 학명을 붙여주는 것이 일반적이지만, 발견한 사람의 이
름이나 대학, 기업체의 이름을 붙이는 경우도 있다"고 했다.

우정사업본부는 2010년부터 2012년까지 총 3회에 걸쳐 중생대 트라이아
이스기, 쥐라기, 백악기를 대표하는 공룡 각 4종씩 12종의 공룡시리즈 우

표를 발행하였다.

공룡능선.

말만 들어도 가슴 뛰지 않는가?

공룡을 넘지 않고는 설악을 말할 수 없다.

공룡능선을 지나며(2015. 2. 28.)

설악(雪嶽)은 말 그대로 눈과 바위의 산이다.

겨울 산은 위험하지만 알몸을 그대로 보여준다.

설악의 진수는 가을이 아니라 눈 쌓인 겨울이다.

사람을 모았다.

삶은 파는 일이다.

산행도 파는 일이다.

동준이 발품을 팔았다.

새로운 후배가 동행했다.

정송철과 이귀영이다.

공룡능선 뒤로 멀리 대청봉과 중청봉이 보인다.

"꿈을 이루는 첫째 조건은 희망의 끈을 놓지 않는 것이다. 끝까지 붙잡고 있으면 한 번은 기회가 온다. 어느 구름에서 비가 내릴지 모른다."

〈MBC〉 특파원을 지낸 손관승이 회사를 그만두고, 이탈리아를 홀로 여행하면서 쓴 책《괴테와 함께한 이탈리아》에 나오는 말이다.

새벽 4시 반.

아내와 고양이의 배웅을 받으며 잠든 아파트를 빠져나왔다.

초롱초롱한 별빛 사이로 밤공기가 싸하다.

우측 오금에서 찌르는 듯한 통증이 느껴진다.

순간 걱정 한 줄기가 머릿속을 스치고 지나간다.

아침 7시.

속초 설악동이다.

산행에 앞서 장비를 점검했다.

"아이젠을 안 가져왔는데요."

"아니, 뭐라고?"

"나는 당연히 가져오려니 했어요."

'당연히'와 '괜찮겠지'는 사고로 이어진다.

국립공원 직원에게 부탁했다.

"아이젠 좀 빌릴 수 없을까요?"

"아이젠은 없습니다."

"어디로 갈려고요?"

"공룡 탈려고요."

"거기는 눈이 많이 와서 입산통제 중입니다."

난감했다.

후배는 아이젠이 없고, 공룡능선은 입산통제다.

가야 하나, 말아야 하나?

다들 내 눈치만 보고 있다.

대장은 판단하는 사람이다.

대장의 판단은 어떨 땐 생사를 좌우한다.

시인 류근은 "나무는 꽃을 따라 울고, 꽃은 바람을 따라 울고, 바람은 이승의 별자리를 따라 운다"고 했다.

이럴 땐 나도 울고 싶다.

정송철에게 물었다.

"갈 수 있을까?"

"갈 수 있습니다."

"아이젠도 없는데?"

"그래도 갈 수 있습니다."

나는 이를 '무대뽀 정신'이라고 한다.

도전에는 '무대뽀 정신'이 들어있다.

"설명서를 읽지 않고 무작정 덤볐을 때 새로운 것들이 눈에 들어오는 법이다."

《마법의 순간》의 저자 파울로 코엘류의 말이다.

강행을 결정했다.

생은 선택의 연속이다.

모든 도전은 실패의 씨앗을 품고 있다.

"완벽한 계획이나 의사결정은 없고 실수하지 않는 사람은 없다. 그러나 중요한 건 잘못을 깨달았을 때 이를 고집하지 않고 새로운 상황에 '적응하고', '판단 오류를 수정하고', '변화할 수 있는' 능력을 갖고 있어야 한다는 것이다. 이것이 성공하는 기업과 실패하는 기업의 차이점이다. 당신이 틀릴 가능성, 세상이 변화하기 때문에 변화에 적응하고 수정해야 할 가능성을 항상 열어둬야 한다."

'실패학의 대가' 미국 다트머스대 핑켈스타인 교수의 말이다.

도전을 결정한 자는 언제나 유연해야 하지만, 일단 결정했으면 죽을힘을 다해 밀어붙여야 한다.

"야, 봄은 봄이네. 생강나무에 물이 올랐네."

나뭇가지를 쓰다듬는 동준의 손길이 섬세하다.

'군량동' 표지석과 '이름 모를 자유용사의 비'가 나타난다.

속도를 늦추자 보이지 않던 것들이 비로소 보이기 시작한다.

비선대 가는 길.

계곡 물소리가 정겹다.

이름모를 自由勇士의 碑

한국전쟁시 설악산 산악전투에서 중공군을 맞아 용감히 싸운 수도사단, 제1사단, 제5사단 소속의 순국장병과 군번없이 참전하여 산화한 학도결사대, 虎林부대 용사들의 넋을 위로하고 공훈을 기리기 위해 한국일보사와 제1군 사령부가 강원도의 후원을 받아 건립하였다.

"이름모를 自由勇士의 碑"라는 휘호는 당시 육군참모총장 김용배(金容珤)장군이 썼고, 비문은 시인이며 당시 제38사단장 장호강(張虎崗)장군이 지었다.

묵묵했던 이귀영이 입을 열었다.

"대장님, 오늘 공룡능선 가실 거죠?"

"그럼요. 갈 수 있습니다. 가보기도 전에 지레 겁을 먹어서 그렇지 가다보면 방법이 생깁니다."

큰소리를 쳤지만 속으로는 걱정이다.

대장은 대원에게 믿음을 줘야 한다.

무엇이든 하고자 하면 방법이 생긴다.

하늘이 무너져도 솟아날 구멍이 있다.

이귀영은 홍천 사람이다.

그는 과묵하고 섬세하다.

요리는 물론 탁구실력도 수준급이다.

2년 전 치악 종주 이후 설악이 처음이라고 했다.

그는 우편물 운송을 동료에게 맡기고 왔다.

동준은 이를 두고 "20만 원짜리 산행"이라고 했다.

정송철은 원주 사람이다.

그는 털털하고 소탈하다

그에게선 흙냄새가 난다.

동준이 배고프다고 했다.

귀영이 빵과 커피를 꺼냈다.

김이 모락모락 나는 커피 한 잔에 졸음과 피로가 한꺼번에 달아난다.

귀영이 말했다.

"산에 오면 편안해져요."

"모든 걸 내려놓기 때문입니다. 돈도 필요 없고 감투도 필요 없습니다."

딱따구르르~ 딱따구르르~…….

딱따구리 소리가 울려 퍼진다.

곶감을 먹는데 산새가 날아든다.

송철이 곶감을 손바닥에 올려놓자 산새 한 마리가 날아와 앉는다.

귀영한테도 부드럽게 착륙한다.

후배의 손바닥이 활주로다.

"새들도 사람을 알아보네."

"나한테는 왜 안 오지? 마음을 비

우고 다시 와야겠네."

오전 9시.

하산하는 자를 만났다.

"중청에서 희운각 내려오는 길 장난 아닙니다. 눈이 허벅지까지 빠져서

썰매타고 내려왔어요. 아이젠도 소용없어요."

"공룡은 어때요?"

"거기는 입구를 막아났어요. 아마, 거기도 눈이 엄청 쌓였을 겁니다. 대간 타는 사람들이 **러셀**은 했겠지만 아시다시피 거기도 만만치 않을걸요."

※ 러셀(Russell) : 등산 중 선두에 서서 눈을 쳐내고 길을 다지면서 앞으로 나아가는 일

오전 9시 반.

양폭산장이다.

귀영이 매점에 다녀왔다.

"매점에서 아이젠을 파는데요."

"한 개에 만 원 합니다."

"야아! 살았다. 만세다."

송철이 "살았다"고 했다.

나도 절반은 안심이다.

귀영이 소보로 빵을 꺼냈다.

동준은 바나나 우유, 나는 찹쌀모찌를 꺼냈다.

산에 들면 말하지 않아도 스스로 나눈다.

산에서 배우는 건 나눔과 비움이다.

오전 10시 반.

눈길이 예쁘다.

뽀드득, 뽀드득⋯⋯.

눈 밟는 소리가 정겹다.

입을 닫으니 귀가 열린다.

대청봉에서 하산하는 자를 또 만났다.

"날씨가 참 좋네요."

"나는 설악에서 2박 3일 있었는데, 이렇게 좋은 날씨는 처음 봐요. 바람 한 점 없잖아요. 정말 날 잘 잡았어요. 당신들은 복도 많네요."

다리가 아프다.

통증은 깊고 간헐적이다.

통증이 오금에 걸려있다

후배들이 씩씩하게 올라간다.

오전 11시.

공룡능선 삼거리다.

대청봉과 공룡능선이 갈린다.

공룡능선 가는 길은 북쪽이다.

공룡능선 가는 길이 막혀있다.

그때 한 사람이 다가왔다.

"나도 같이 가고 싶지만, 눈이 많다고 하고, 또 가다가 걸리면 창피하잖아요. 나는 그냥 계곡으로 내려갈 려고요."

도전에는 위험이 뒤따른다.

공룡능선에는 탈출로가 없다.

한 번 들어서면 끝까지 가야 한다.

오금의 통증은 하산을 유혹하지만 나는 대장이고 물러설 곳이 없다.

결정은 빠르고 단호했다.

"지금부터 공룡 탑니다."

우리는 결연했고 일사 분란했다.

순간 기도했다.

고통의 강도만큼 자신을 돌아볼 수 있게 해 주시고, 무사히 하산할 수 있
게 해달라고.

공룡에 들어서자 잔설을 이고 있는 나무와 바위의 행렬이 이어진다.

눈은 발목을 덮지만 앞선 발자국이 있어 나아가는 데 어려움이 없다.

서산대사의 시가 생각난다.

踏雪夜中去(답설야중거)

不須胡亂行(불수호난행)

今日我行跡(금일아행적)

遂作後人程(수작후인정)

눈 덮인 들판을 걸어갈 때

이리저리 함부로 걷지 마라.

오늘 내가 걷는 발자국이

눈 쌓인 대청, 중청, 소청과 희운각

뒷사람의 이정표가 되리니.

공룡능선에는 계절이 공존한다.

나뭇가지 사이로 움이 터져 나오고, 산비탈에는 낙엽이 켜켜이 쌓여있다.

오전 11시 반.

마등령 삼거리 3.4km.

돌아보니 눈 쌓인 설악의 나신(裸身)이 한눈에 들어온다.

대청, 소청, 끝청, 귀때기청봉으로 이어지는 서북능선이 일자진(一字陳)이다.

대청봉과 죽음의 계곡, 희운각이 일렬종대다.

명불허전(名不虛傳) 용아장성이 코앞이다.

설악은 바위산이다.

바위산은 겨울이 제격이다.

겨울 산은 위험하지만 그만큼 절경이다.

어디 산만 그러랴. 사람 사는 일도 그렇다.

산은 바람 한 점 없다.

후배들이 멀리 앞서 갔다.

통증은 깊고 예리했다.

물파스를 뿌렸다.

물파스는 진통제다.

밧줄을 잡고 겨우 올라섰다.

바위에 미끄러지면서 두 바퀴 굴렀다.

엉덩이에 묵직한 통증이 퍼져나간다.

다시 밧줄을 잡고 긴 오르막을 힘겹게 올라서자 전망이 확 터진다.

절경에 입이 떡 벌어진다.

자연의 비경 앞에 절로 고개가 숙여진다.

공룡에서 나는 한 점 티끌이다.

비경과 절경 앞에서 인간의 언어는 공허하다

도시락을 열었다.

방울토마토와 딸기, 멸치, 김밥, 고추…….

산에서 오찬은 언제나 진수성찬이다.

밥상은 없어도 멋진 풍광과 사랑하는 후배들이 있으니 밥맛이 꿀맛이다.

동준이 매운 고추를 먹더니 얼굴이 빨개지면서 이마에 땀이 송송 배어
나온다.

"와아아! 엄청 매운데요."

귀영이 말했다.

"나는 매운 고추를 잘 먹어요. 우리 집 애들도 고추를 잘 먹습니다."

"고추를 잘 먹는 사람은 폐활량이 좋아서 산을 잘 탄다고 하던데 그것도
아니네요."

"대체로 그렇다는 얘기지……."

오후 1시.

1,275m 봉이다.

전망이 압권이다.

용아장성, 서북능선, 대
청봉, 화채능선, 범바위 그
리고 멀리 울산바위 뒤로

공룡능선에서 이귀영, 정송철, 이동준

펼쳐지는 속초 시내와 동해 풍광은 신이 빚어놓은 걸작이다.

사방이 절경이니 눈 둘 곳이 없다.

이럴 때 인간의 언어는 무력하다.

다시 긴 내리막이다.

스틱과 밧줄에 의지해서 겨우 내려간다.

이제 통증은 몸 전체로 퍼져 나간다.

악 소리가 나면서 그 자리에 털썩 주저앉았다.

생각 같아선 엉엉 울고 싶다.

스틱을 잡고 힘겹게 일어섰다.

적막한 산길 사이로 한 줄기 바람이 불어온다.

까마귀 한 쌍이 허공을 선회하며 악악 울어댄다.

마등령 2.9km.

긴 눈길이 이어진다.

눈 쌓인 긴 내리막을 썰매를 타며 달렸다.

내리막이 있으면 오르막도 있는 법.

숨이 턱에 닿는다.

모두들 말이 없다.

힘들면 말이 없다.

오후 1시 50분.

마등령 삼거리 2.1km.

눈길 사이로 햇살이 눈부시다.

나한봉과 마등령이 찰떡궁합이다.

봉(峰)은 높고, 령(嶺)은 낮다.

봉과 령의 절묘한 조화다.

산 밑에선 누구나 산 정상을 선망하지만, 정상은 늘 외롭고 허허롭다.

오래 머물지 못하고 곧 내려와야 한다.

입산보다 하산이 더 어렵다. 하산을 잘 하려면 올라가면서 나누고 비우고

버려야 한다.

해는 짧고 걸음은 더디다.

이가 아프고, 잇몸도 아프다.

사람들은 내가 대단한 줄 알지만 소문난 잔치 먹을 게 없다.

나는 완장의 힘으로 겨우 버티고 있다.

내가 망가졌다는 것을

갑자기 알아차리게 된 이즈음

외롭고 슬프고 어두웠다.

나는 헌 것이 되었구나.

…… 모든 망가지는 것들은 처음엔 다 새것이었다.

영광이 있었다. ……

　　　　　　　　　　　　　　　 - 시인 이진명 '모래밭에서'

큰 소나무가 쓰러져 있다.

곳곳에 큰 구멍이 나 있다.

"딱따구리 가족이 판 구멍이에요.
딱따구리는 나무 구멍이 집입니다."

평창 진부에서 나고 자란 동준의 '딱
따구리 구멍학'이다.

오후 2시 반.

해안선이 한 줄이다.

울산 바위가 지척이다.

전투기 한 대가 흰줄을 그으며 지나간다.

창공은 도화지요, 조종사는 천상 화가(天上畵家)다.

오후 3시.

마등령이 눈앞이다.

송철과 귀영이 나뭇가지에 머리를 부딪치며 자빠진다.

방심하지 마라는 경고다.

사는 일도 그렇다. 자빠져도 툭툭 털고 일어날 수 있는 용기가 필요하다.

백두대간에서 배우는 건 오뚝이 정신이다.

암릉과 밧줄이 길게 이어진다.

오르막과 내리막의 반복이다.

공룡능선은 인생의 축소판이다.

나는 이제 다리를 절기 시작한다.

물파스를 넓게 바르고 뿌렸지만, 오금은 여전히 칼로 도려낸 듯 아프다.

산은 아픈 만큼 절경이다.

풍광은 고통의 강도에 비례한다.

"고통은 은혜요, 신의 축복이다."

신학자 토마스 아퀴나스의 말이다.

동준도 무릎이 아프다고 했다.

동준은 "그동안 무릎 보호대로 버텼지만, 여덟 시간만 지나면 통증이 온다"고 했다.

마등령 500m.

이제 공룡의 등에서 내려와야 할 시간이다.

공룡은 나를 품어주었다.

나는 공룡능선에 오금의 상처를 묻었다.

후배들은 공룡에서 무엇을 보고 느꼈을까?

나는 대장이지만 홀로 걸었고, 적으면서 걸었다.

엄습하는 통증 속에서도 수첩을 꺼내들었고, 스쳐지나가는 생각과 풍광과 바람의 소리를 적어나갔다.

적는 일은 고통 중에도 기쁨이었다.

"꿈과 목표를 가진 사람은 열정과 기대로 아플 수밖에 없다."

원로 독문학자 이창복 교수의 말이다.

오후 3시 반.

마등령(1,220m) 삼거리다.

인제 용대리에서 영동으로 넘어가는 백두대간 고개는 마등령과 미시령을 포함해 4개나 된다.

북쪽에서 남쪽으로 대간령, 미시령, 저항령, 마등령이다.

옛 이름은 새이령, 큰령, 늘문령이고, 마등령은 그대로 마등령(馬等嶺)이다.

〈MBC프로덕션〉 최상일 PD가 백두대간 고개 곳곳을 다니면서 취재한 《백두대간 민속기행》 제2권에 용대리 사는 장곤옥 어르신 말씀이 나온다.

"그전에는 샛령, 큰령, 늘문령이었어. 저 미시령이라는 게 그전에는 큰령이었어. 6·25 사변 후에 미시령이라고 이름 지은 거야. 그리고 오세암 뒤가 마등령이구. 늘문령으로 넘자면 백담사 들어가는 입구에 광협동이라고 있어. 너래비 그리로 넘어가."

또 다시 선택의 기로에 섰다.

대장은 늘 선택하는 사람이다.

모든 선택에는 책임이 뒤따른다.

선택하지 않고 좌고우면 하는 자도 있고, 선택만 하고 책임은 떠넘기려는 자도 있다.

"그들은 무거운 짐을 꾸려 남의 어깨에 메워 주고 자기들은 손가락 하나 까딱하려 하지 않는다. 그들이 하는 일은 모두 남에게 보이기 위한 것이다. …… 그리고 잔치에 가면 맨 윗자리에 앉으려하고, 회당에서는 제일 높은 자리를 찾으며, 길에 나서면 인사받기를 좋아하고, 사람들이 스승이라 불러 주기를 바란다. …… 너희 중에 으뜸가는 사람은 너희를 섬기는 사람이 되어야 한다. 누구든지 자기를 높이는 사람은 낮아지고 자기를 낮추는 사람은 높아진다."

– 대한성서공회 발행《신·구교 공동번역성서》마태오 23장 중에서

선택의 순간이다.

후배들이 보고 있다.

서쪽은 오세암과 백담사, 동쪽은 금강굴과 비선대다.

나는 고통으로 뒤채는 허깨비 같은 육신을 오세암에 눕히고 싶었다.

그러나 후배들은 나를 두고 하산할 수 없을 터였다.

"금강굴로 내려갑시다."

"다리 괜찮으시겠어요?"

"괜찮습니다."

"정상을 향해 올라갈 때는 전력을 다해야 하지만, 내려올 때는 정반대다. 우리는 사회생활을 하면서 올라가는 법만 배웠다. …… 내려가는 법에 대해서는 아무도 가르쳐주지 않았다. 사

마등령에서 금강굴로 내려가고 있는 이동준

람은 오르면서 강해지고, 내려가면서 현명해지는 법이다. 운 좋게도 내 능력에 벅차게 높은 곳까지 왔지만 행운이 항상 내편은 아니라는 점을 명심해야 한다. 정상에서 내려온다고 하지만 솔직히 말하면 다시 원래의 자리로 돌아오는 것일 뿐이다."

– 손관승의 《괴테와 함께한 이탈리아 여행》 중에서

오후 4시.
공룡 등에서 내려오니 공룡이 보였다.
공룡을 보려면 공룡 밖으로 나와야 한다.

오후 4시 반.
고통은 끊어질 듯 이어진다.
스틱에 의지해 절뚝이며 걷는다.
이를 악물며 한 발 한 발 내딛는다.
고통의 극한에서 비로소 신을 찾는다.
"신은 내가 가장 비참하고, 초라하고, 더
이상 내려갈 수 없을 때 손길을 내민다."
올해 2월 선종(善終)한 꽃동네 이수영 도
마 수녀의 말이다.

살아오면서 내가 상처 준 사람들을 생각했다. 그들의 아픔이 화살처럼 내려 꽂힌다. 내가 아파봐야 남의 고통에 공감할 수 있다. 내 안에 숨어있던 탐욕의 실체가 하나하나 얼굴을 드러낸다.

오후 5시 반.

장군봉 남서벽이다.

금강굴이 아득히 높다.

귀영은 독실한 불자(佛子)다.

그는 나중에 이곳에 오면 금강문에 오르겠다고 했다.

물소리가 들린다.

비선대다.

긴장이 무너진다.

긴 사투가 끝났다.

내 몸은 오랫동안 고달팠다.

푹 쉬고 싶다. 나는 자유다.

 산행 후기

고통과 기쁨은 한 몸이었다.

'아픈 만큼 성숙한다'는 말이 절절하게 와 닿았다.

나는 '얼치기 산꾼'이었다.

완장을 찼지만 무거웠다.

고통은 보속(補贖)이었다.

근육이 뭉치고 오금의 통증은 칼로 도려내는 듯 전율했지만, 완장의 힘으로 겨우 버텨냈다.

겨우 걸었고 힘겹게 돌아왔다.

무엇보다 후배들의 도움이 컸다.

산행 내내 격려했고, 나의 선택에 군말 없이 따라 주었다.

이귀영은 처음이었지만 내내 힘찼다.

그는 "20만 원을 들여 평생 못 잊을 추억을 만들었다"고 자랑스러워했다.

그가 돌아간 후 편지를 보내왔다.

"도전과 집념에 경의를 표한다"고.

그는 길게 썼고 일관되게 썼다.

눈물 나게 고마웠고 부끄러웠다.

이동준은 차를 몰았다. 그는 쏟아지는 졸음과 싸우며 우리의 안위를 지켰다.

그의 헌신과 노고는 늘 감동이었다.

정송철은 '무대뽀 정신'으로 나를 끌어 올렸고, 내내 선두를 지키며 씩씩하게 분위기를 잡았다.

돌아오는 길에 '뚜구리탕'을 먹었다.

소주 한잔은 진통제요, 마취제였다.

근육파열을 의심했으나 곧 괜찮아졌다.

아내의 정성스런 발마사지 덕분이다.

나는 겨우 적었고 힘들게 적었다.

젊은 후배 김정민은 편집을 도왔다.

지난(至難)했던 12시간의 기록을 세상으로 보낸다.

▶ 14구간 : 마등령에서 미시령까지

위치 인제군 북면 ~ 인제군 북면 용대리
코스 마등령 ~ 저항령 ~ 황철봉 ~ 미시령
거리 15km
시간 7시간 반(오세암 ~ 마등령 제외)

해질 무렵.

귀영은 오세암 동자전으로 향했다.

백팔 배를 하면서 열 번 절할 때마다 백 원짜리 동전 한 개를 바닥에 놓았
다. 한밤중에도 일어나 백팔 배를 하고 돌아왔다.

그는 백담사 계곡과 저항령 너덜지대에도 돌탑을 쌓았다.

나는 그를 보며 부처를 새기고 돌탑을 세웠던 민초들의 염원을 떠올렸다.

여행은 머물던 곳을 떠나는 것이다.

떠남은 아쉽지만 또 다른 만남을 예
비한다.

떠남은 비우고 내려놓는 일이다.

삶은 떠남과 만남, 비움과 채움의 반복이다.

먹고 마시고 배설하는 일이 그렇고, 길을 나섰다가 돌아오는 일이 그렇고, 사람을 만나고 헤어지는 일이 그렇다.

무려 석 달 만이다.

공룡능선을 넘었던 후배들이 다시 모였다.

명산(名山)은 큰절을 품고 있다.

내설악에는 백담사가 있고, 외설악에는 신흥사가 있다.

백담사는 일해와 만해의 절이다.

일해(日海)는 제12대 대통령 전두환이요, 만해(卍海)는 시인이자 독립투사였던 한용운이다.

일해는 쿠데타로 권력을 잡아 한 시대를 흔들었고, 만해는 조국 독립을 위해 일제에 저항하다 병사했다.

"성공한 쿠데타는 처벌하지 못한다."

검찰이 12·12사태를 주도했던 전두환을 불기소처분하면서 한 말이다. 검찰은 1995년 12월 3일 그를 군형법상 '반란수괴죄'로 다시 구속 기소했다.

나는 '성공한 쿠데타'와 '반란수괴죄'를 보며 검찰의 정치적 숙명과 이현령비현령을 생각했다.

사람은 가도 흔적은 남는다.

백담사에는 '前 대통령이 머물던 방'이 있고 '만해 기념관'도 있다.

전두환은 1988년 11월부터 2년간 이곳에 머물며 고행의 시간을 보냈다.

한용운은 이곳에서 《조선불교유신론》(1910년)과 《님의 침묵》(1925년)을 썼다.

"오직 조선의 불교에서는 유신의 소리가 들리지 않으니 유신할 게 없는 것이냐. 유신할 만한 가치도 없는 것이냐, 다시 생각해 보아도 그 까닭을 알 수 없다. 옳지 그렇다. 그 까닭도 역시 우리에게 있을 뿐이라는 것을……. 조선불교유신의 책임이 천운에 있지도 않으며, 또한 다른 사람에게 있지도 않으며, 오직 나에게 있다는 것을 알았다. 그 깨달음으로 조선불교유신의 책임을 회피할 수 없어서 이 유신론을 지어서 스스로 경계하는 동시에 이를 승려 및 동포들에게 알리는 터이다."

- 《조선불교유신론》 중에서

유신을 개혁이나 혁신으로 바꿔도 손색이 없다.

유신은 정권이 바뀔 때마다 계속될 것이다.

만해기념관이다.

기념관 입구의 글귀가 눈길을 끈다.

| 인도에는 간디가 있고, 조선에는 만해가 있다.

후배들은 백담사가 처음이라고 했다. 독실한 불자인 귀영은 명찰순례를 겸한 이번 산행에 생업을 뒤로 하고 한걸음에 달려왔다.

그는 부드럽지만 고요하고 단호하다.

백담사 계곡은 돌탑지천이다.

돌탑에는 민초들의 염원이 담겨있다.

귀영이 돌탑을 쌓자 동준과 송철도 따라했다.

나는 돌탑을 쌓는 후배들의 소망을 위해 기도했다.

오후 2시.

오세암으로 향했다.

숲길 사이로 수렴동(水簾洞) 계곡이 나타난다.

수렴동은 구곡담과 백담을 잇는 청정계곡이다.

명칭은 금강산 수렴동에서 따왔다고 한다.

계곡은 물 반 고기 반이다.

돌을 던지자 물고기가 몰려든다.

동준이 말했다.

"우와! 고기 좀 봐. 학습효과다."

'파블로프의 개'와 조건반사가 생각났다.

개와 물고기만 그럴까?

물이 맑다 못해 파랗다.

계곡 물에 얼굴을 씻었다.

얼굴뿐 아니라 마음도 씻었다.

이 시각 입산하는 자는 우리뿐이다.

오후 3시 반.

영시암(永矢庵)이다.

1711년 벽암정사를 헐고 이 자리에 영시암을 지었
던 자는 김삼연이다.

김삼연 초상화

"삼연(三淵)의 본명은 김창흡이다. 그의 증조부는 병자호란 때 척화(斥
和)를 주장하다 청나라 심양으로 끌려간 김상헌(金尙憲)이고, 부친은 숙
종 15년(1689) 영의정을 지내다가 기사사화에 연루되어 사사(賜死)된 김
수항(金壽恒)이다. 큰형인 김창집도 영의정을 지내다가 사사(賜死)되었
다. 둘째형은 대제학을 지낸 김창협이고, 삼연은 셋째였다. 넷째 김창업은
학문으로 이름을 떨쳤다고 한다. 그는 부친과 큰형을 기사사화(己巳士禍)
로 잃고 속세를 떠나 이곳에 정사(精舍)를 짓고 영시암이라 칭하였다. 그
는 영시암기에 '영세불출위서(永世不出爲誓)'라고 적으며 다시는 세상에
나가지 않기로 맹세했고 암자 이름도 영시(永矢)로 지었지만, 이곳에서 6
년을 살다가 다시 세상으로 나갔다고 한다."

- 2008년 5월 13일자 〈강원일보〉, 강원대 명예교수 최승욱 기고문 중에서

오행시에 그의 심정(心情)이 들어있다.

吾生苦無樂(오생고무락)

於世百不甚(어세백불심)

投老雪山中(투로설산중)

成是永矢庵(성시영시암)

내 생애에 괴롭고 즐거움이 없으니

속세에선 모든 일이 견디기가 어렵네.

늙어서 설악에 몸을 의탁하려고

이곳에 영시암을 지었네.

　영시암 감로수에 목을 축이고 다시 발걸음을 재촉했다.

오후 4시.

전나무가 가로누워있다.

나이테에 글씨가 적혀있다.

'나무야 고마워, 수고했어!'

한 생을 살다간 나무에 바치는 헌사(獻辭)이자 묘비명(墓碑名)이다.

시인 김동찬은 "나무는 죽어서 비로소 나~무가 된다. 집이 되고, 책상이

되고, 목발이 되는 나~무. 둥기둥 거문고 맑은 노래가 되는 나~무"라고

했다.

오세암(五歲庵)이다.

"643년(선덕여왕 12년)에 창건하여 관음암(觀音庵)이라 하였으며, 1548

년(명종 3년)에 보우(普雨)가 중건하였다. 이 암자를 오세암이라고 한 것

은 1643년(인조 21년)에 설정(雪淨)이 중건한 다음부터이며, 유명한 관음

영험설화가 전해지고 있다. 실정은 고아가 된 형님의 아들을 이 절에 데려다 키우고 있었는데, 하루는 월동 준비 관계로 속초의 물치 장터로 떠나게 되었다. 이틀 동안 혼자 있을 네 살짜리 조카를 위해서 며칠 먹을 밥을 지어 놓고는, "이 밥을 먹고 저 어머니(법당 안의 관세음보살상)를 '관세음보살, 관세음보살' 하고 부르면 잘 보살펴 주실 것이다"라는 말을 남기고 절을 떠났다. 설정은 장을 본 뒤 신흥사까지 왔는데, 밤새 폭설이 내려 키가 넘도록 눈이 쌓였으므로 혼자 속을 태우다가 이듬해 3월에야 겨우 돌아올 수 있었다. 그런데 법당 안에서 목탁소리가 은은히 들려서 달려가 보니, 죽은 줄로만 알았던 아이가 목탁을 치면서 가늘게 관세음보살을 부르고 있었고, 방 안은 훈훈한 기운과 함께 향기가 감돌고 있었다. 아이는 관세음보살이 밥을 주고 같이 자고 놀아 주었다고 했다. 다섯 살 된 동자가 관세음보살의 신력으로 살아난 것을 후세에 길이 전하기 위하여 관음암을 오세암으로 고쳐 불렀다고 한다."

-《한국민족문화대백과》 중에서

종무소 보살이 반갑게 맞아준다.

"처사님이 주무실 곳은 불당 옆이고, 해우소는 저 아래에 있고, 씻는 데는 문수관(文殊館) 끝에 있습니다."

암자에서 나는 처사(處士)가 되고, 화장실은 해우소(解優所)가 된다.

방문이 열리자 솔 향이 가득하다.

솔바람이 방 안을 훑고 지나간다.

오후 5시.

뎅! 뎅! 뎅!

공양종이 울린다.

밥그릇에 밥과 반찬을 담았다.

반찬은 미역국과 단무지 무침이다.

밥맛이 꿀맛이다. 미역국도 맛있다.

참으로 검소한 한 끼 식사다. 먹는
게 소박하니 마음도 가볍다.

밥그릇을 씻었다.

씻은 그릇은 차곡차곡 차례차례 포개졌다

보살이 다녀갔다.

시주를 해달라고 했다.

동준이 5만 원을 주었으나 만 원은 도로 돌려주었다. 보살은 1인당 만 원
이상은 받지 않는다고 했다. 이렇게 큰 암자를 유지하는 비결은 소욕지족
에 있는 듯했다.

부처를 말하는 자는 많아도 실천하는 자는 드물다.

해질 무렵 공사장 인부를 만났다.

"6월 6일에는 900명이 다녀갔어요. 한 사람당 만 원씩만 잡아도 900만 원
입니다. 오세암은 봉정암에 비하면 호텔입니다. 봉정암은 잠자는 게 전쟁
입니다. 좁은 방에 꽉꽉 들어찹니다. 가로 세로로 끼어서 겨우 눈을 붙입
니다."

그는 또 "암자는 완전히 기업입니다. 절뿐 아니라 교회도 돈이 없으면 다

닐 수 없습니다"라고 했다.

속으로 뜨끔했다. 곰곰이 새겨들을 말이다.

지난 봄 치악산 상원사를 지날 때 불자들이 매달아놓은 리본을 자세히 들여다 본 적이 있다. 가장 많이 눈에 띄는 건 역시 '돈 많이 벌게 해 달라', '사업 잘 되게 해 달라', '자식 잘되게 해 달라', '출세하게 해 달라'는 것이었다.

이를 두고 어떤 자는 '기복적'이라고 비판하지만 종교에서 '기복' 빼 놓고 수도승처럼 사는 자가 몇 명이나 되겠는가?

기복은 인간의 원초적인 욕망이다.

저녁 예불이 시작되었다.

"관세음보살, 관세음보살……."

염불소리가 크게 울려 퍼지자 귀영이 서둘러 불당으로 갔다.

목탁소리와 관세음보살 소리가 자장가다.

"마하반야바라밀다 아제아제바라아제 수리수리마수리 관세음보살 관세음보살……."

염불은 다음날 새벽 3시까지 이어졌다.

새벽 5시.

뎅! 뎅! 뎅!

고요한 산사에 종소리가 울려 퍼진다.

해우소와 세면장을 다녀왔다.

산 공기가 차고 달다.

아침공양은 미역국과 단무지 무침이다.

미역국 맛이 환상이다.

한 그릇을 더 퍼다 먹었다.

귀영과 송철은 눈치를 보며 잽싸게 밥과 단무지를 비닐봉지에 담아왔다.

오늘 산에서 먹을 양식이다.

'눈치가 빠르면 절에서도 고기를 얻어먹는다'고 했다.

아침 6시 40분.

무문관(無門關)을 나섰다.

출발은 언제나 오르막이다.

이마에서 땀이 뚝뚝 떨어진다.

모두들 침묵 속보다. 침묵하면 내면의 소리가 들린다.

탐욕의 늪에 빠져 허우적거리는 초라한 내 모습이 환영처럼 나타난다.

백두대간 종주는 책임과 의무의 짐을 내려놓고 맨 얼굴의 자신과 만나는

골든타임(Golden Time)이다.

1968년 통일혁명당 사건으로 무기징역을 선고받고 감옥에서 20년을 살았던 고 신영복 교수는 "여행은 단순한 장소 이동이 아니라 자신이 쌓아온 생각의 성(城)을 벗어나는 것이다"라고 했다.

오르면 오를수록 후배들의 숨소리가 점점 커진다.

귀영이 먼저 입을 열었다.

"어휴! 전번하고 체력이 완전히 다른데요. 70kg에서 67kg까지 빠졌다가 이제 69kg인데 너무 힘든데요……. 그런데 뒤에서 보니까 동준이는 엉덩이가 빵빵한 게 아주 끄떡없네요."

동준은 엉덩이만 아니라 가슴도 탄탄하다.

탁구와 테니스로 다져진 단단한 몸매다.

송철이 알통을 내보였다.

옷을 벗자 복부에 임금 왕(王)자가 그려졌다.

"와우! 대단한데."

어딜 가나 남자들은 자랑과 인정에 목말라 있다.

그는 시간 날 때마다 헬스를 한다고 했다.

근육의 크기는 고통의 강도와 시간에 비례한다.

아침 7시 반.

날파리의 기동이 시작된다.

까마귀는 소리로 기동한다.

다람쥐 한 마리가 앞장섰다.

산새 한 마리도 공중을 빙빙 돌며 따라온다.

산새와 다람쥐가 호위무사다.

송철이 먹이를 주자 쪼르르 달려온다.

송철과 다람쥐의 아름다운 교감이다.

마등령(馬等嶺, 1,220m)이다.

보부상(褓負商)이 등짐지고 넘던 고개다.

고개가 매우 가팔라 기어올랐다고 해서 摩登嶺, 고개가 말 잔등 같다고 해서 馬登嶺이라고 불렀다.

1982년 속초시에서 발간한 《설악의 뿌리》에는 "산이 험준하여 손으로 기어 올라가야 한다"라고 했다.

동쪽은 금강굴과 비선대, 서쪽은 오세암과 백담사, 남쪽은 공룡능선과 대청봉, 북쪽은 저항령과 미시령으로 이어진다.

석 달 만이다.

눈 쌓인 마등령에서 고통으로 상처투성이가 된 육신을 끌고 하산을 고민하던 시간이 되살아난다.

"대장님, 그때 금강굴로 내려가길 정말 잘 했어요. 만약 백담사 쪽으로 내려갔으면 무척 고생했을 겁니다."

모든 선택에는 책임이 뒤따른다.

사람들은 언제나 쉽고 편한 길만 좋아한다.

그러나 가야 하는 길이라면 욕을 먹더라도 사즉생의 각오로 뚫고 나가야 한다. 그래서 완장 찬 자는 늘 고독하다.

남은 배 12척을 이끌고 울돌목으로 향했던 이순신 장군한테 배우는 건 나라사랑과 소명의식 그리고 헌신이다.

예나 지금이나 입만 벌리면 다수의 안위를 들먹이며 사실을 왜곡하고 침소봉대하여 주도권을 잡으려는 자들이 있다. 이런 자들을 부추겨 세력을 확대하려는 자들도 있다.

반대하는 무리도 있다. 그들은 오로지 반대함으로써 세력(勢力)를 모으고 존재를 과시하려는 자들이다. 모두 다 염불에는 관심이 없고 잿밥에만 눈이 먼 자들이다.

이런 자나 저런 자나 오십보백보다.

풍뎅이 한 마리가 배를 뒤집고 누워 있다.

풍뎅이의 주검을 자세히 들여다보았다.

주검은 돌처럼 차고 딱딱했다. 죽음은 슬프지만, 죽음은 숙명이다.

죽음은 또 다른 생명을 잉태한다.

제행무상(諸行無常)이다. **생로병사**의 끝없는 순환이다.

포토 존(Zone)이다.

설악 절경이 한눈에 들어온다.

화채봉, 대청봉, 서북능선, 귀떼기청봉을 잇는 마루금 사이로 공룡능선이 파도치듯 다가온다.

내가 물었다.

"살면서 이런 풍광을 몇 번이나 볼 수 있을까요?"

귀영이 말했다.

"글쎄요. 대장과 함께한 오늘이 처음이자 마지막이 아닐까요."

나는 이 '마지막'이 오래도록 여운으로 남았다.

야생화가 피어있다.

꽃잎을 자세히 들여다보았다.

꽃술이 정교하고 가지런하다.

첩첩산중에 홀로 피었다가 소리 없이 지는 야생화를 부러워했던 고(故)
최민순 신부의 '두메꽃'이 생각난다.

외딸고 높은 산 골짜구니에 살고 싶어라.
한 송이 꽃으로 살고 싶어라.
벌 나비 그림자 비치지 않는
첩첩산중에 값없는 꽃으로 살고 싶어라.
햇님만 내님만 보신다면야
평생 이대로 숨어 숨어서 피고 싶어라.

후배들을 불렀다.

산행수칙을 엄중히 일렀다.

"이제부터는 만만한 길이 아니다. 너덜이 많다. 너덜에서 넘어지면 속수
무책이다. 떨어지지 마라. 길이 어긋나면 돌이킬 수 없다. 갈림길에서는
맨 뒷사람이 보일 때까지 기다렸다 같이 가야 한다."

오전 8시 20분.

골바람이 차다.

가야 할 길이 선명하다.

지는 꽃도 있고, 피는 꽃노 있다.

일찍 핀 꽃은 일찍 지고, 늦게 핀 꽃은 늦게 진다.

사람은 다르다. 태어나는 건 순서가 있지만 죽는 건 순서가 없다.

구운 계란을 나눴다.

아내가 준비해 준 특별식이다.

"날씨가 선선하고 너무 좋네요."

"어제 불공을 많이 드렸잖아요."

"백팔 배도 하고, 관세음보살도 하고, 부처님이 보우하사 백두대간 만세다."

산 목련이 피었다.

산 목련은 기품 있다.

문세광의 흉탄에 돌아가신 고(故) 육영수 여사가 생각난다.

산은 인적 없다.

산은 절대 고요다.

돌길과 잡목 숲이 이어진다.

울산바위와 속초 시내가 가깝다. 앞서간 후배들이 보이지 않는다.

나는 혼자다. 나는 산행수첩으로 지체된다.

오전 9시 반.

사과를 꺼냈다.

아내가 준비해준 또 다른 특별식이다.

각자 한 개씩 껍질째로 맛있게 먹는다.

먹는 모습만 봐도 배부르다.

잡목 숲과 돌길을 지나자 전망이 터진다.

"와아아! 시원하다. 일망무제(一望無際)다."

설악 주 능선이 물결치듯 다가온다.

작고 큰 봉우리가 가로세로 곡선으로 이어진다.

산도 곡선이요, 사는 일도 곡선이다.

산은 존재 그 자체로 가르침을 주는 큰 스승이다.

너덜지대가 나타난다.

너덜은 위험하지만 절경이다.

절경에는 고통과 위험이 숨어있다.

다리가 떨린다.

한 발만 삐끗하면 걷잡을 수 없다.

걸음은 각자지만 마음은 하나다.

바위틈에 소나무 한 그루가 우뚝하다.

소나무뿌리가 바위를 감고 있다.

"야! 생명력이 대단하다."

비바람, 찬 서리, 눈보라 맞으며 견뎌낸 나무의 시간이 느껴진다.

사람도 그런 사람이 있다.

긴 오르막이다.

나무뿌리를 잡고 올라섰다.

드러난 뿌리는 디딤 목이 된다.

드러난 뿌리나, 드러나지 않은 뿌리나 각자의 역할이 있다.

뿌리는 아프지만 묵묵하다.

오전 10시 20분.

령에서 봉으로 오르는 길은 가파르다.

내가 선두다.

따라오는 후배들의 숨소리가 점점 크게 들린다.

나도 숨이 턱에 닿는다.

"대장님, 좀 쉬었다가 가지요. 밥을 일찍 먹어서 그런지 배가 고픕니다. 힘든 건 참아도 배고픈 건 못 참습니다."

전망 좋은 바위에 걸터앉았다.

울산바위와 속초 시내가 한눈에 들어온다.

설악의 봉이란 봉, 능선이란 능선이 모두 한눈에 들어오는 최고의 전망대

(1,249봉)다.

동준이 말했다.

"제가 자리 하나는 잘 잡지요?"

"설악은 곳곳이 명당입니다."

"대간 다니다 보니까, 이제는 조금

감이 와요."

'감'은 내공이다.

내공은 땀과 고통의 시간에 비례한다.

귀영이 취나물 특식을 준비했다.

그의 요리솜씨는 일품이다.

송철이 말벌주를 꺼냈다.

취나물과 말벌주는 최고의 궁합이다.

최고의 전망대에서 최고의 오찬이다.

"위하여~ 위하여~."

우리는 오나가나 '위하여 공화국'이다.

세 사내의 우렁찬 목소리가 저항령 능선에 메아리친다.

이 순간 우리는 참 행복한 사내들이다.

사내들은 모였다 하면, 군대 얘기다.

그 중에서도 먹는 얘기는 빼놓을 수 없다.

귀영은 5사단 철책 교육 때 초코파이가 그렇게 먹고 싶었고, 동준은 201

특공여단 교육생 시절 사이다가 그렇게 먹고 싶었다고 했다.

나는 전투경찰 출신(61기)이다.

엄혹한 시절 기동대와 검문소, 파출소와 경찰서를 오가며 파란만장했다.

기쁨도 잠시, 작고 큰 바위가 수없이 깔린 너덜지대가 나타난다.

너덜은 크레바스다.

너덜은 설악의 상징이자 상처다.

너덜지대를 내려오면서 중간 중간 귀영
이 돌탑을 쌓았다.

그에게 기원(祈願)을 물었으나 그냥 웃
기만 했다.

그는 산행도 수행으로 여기는 듯했다.

나는 그에게서 부처의 얼굴을 보았다.

오전 11시 45분.

저항령(低項嶺)이다.

저항령은 본디 '늘목령'이다.

저항령은 '길게 늘어진 고개'라는 뜻이다.

동쪽은 무명용사비가 있는 정고평(丁庫坪)을 지나 신흥사에 이르고, 서
쪽은 길골을 거쳐 백담사에 이른다.

그 옛날 선질꾼이 넘어 다니던 저항령 계곡은 2011년 11월 국립공원특별
보호구역(산양서식지)으로 지정되었다.

저항령에는 동족상잔의 아픈 역사가 숨어있다.

저항령은 대청봉(1,708m)과 황철봉(1,381m) 사이에 있는 백두대간 고개다. 1951년 5월 7일부터 17일까지 국군 수도사단과 11사단이 이곳에서 북한군 6사단, 12사단과 혈전을 벌였다. 군은 이 전투에서 이겨 양양과 간성을 탈환했고, 향로봉 지역의 북한군도 격퇴하여 설악산 지역에 토대를 마련했다. 국방부 유해발굴단은 2011년 5월 1차로 이곳에서 전사자 유골 65구를 발굴했고, 2012년 5월 24일부터 6월 4일까지 2차 발굴에서 24구의 유해와 전투화 밑창, 실탄 클립, 소총탄 등 다수의 유품을 발굴하였다.

육군본부가 2000년 6·25전쟁 50주년을 맞아 유해 발굴 사업을 시작할 때부터, 2007년 유해발굴감식단 정식 창설을 거쳐 지금까지 함께한 산증인은 이용석 국방부 유해발굴감식단 조사과장(55세, 3사 16기)이다.

그는 "유해발굴은 현재와 미래를 잇는 사업이다. 저승에 가더라도 사자(使者)에게 용사 시신 한 구라도 더 찾고 오겠다고 말하겠다. 용사가 꿈에 나타나서 '용석아 와라, 와라' 한 적도 있다. 다음 날, 계획한 기동로를 바꿔 산에 올랐는데, 참호 수백 개를 한꺼번에 찾기도 했다"고 했다.

육군 제3군단과 제12사단 유해발굴팀이 해발 1,400m 저항령고지에서 발굴된 유해를 운구하기에 앞서 거수경례로 예의를 표하고 있다. 2012년 6월 14일 속초. 〈연합뉴스〉 이종건 기자

또한 그는 "유해발굴은 '슬픔이 아닌 희망을 찾는 일이자, 나 자신을 위한 길이다. 철모 속에 들어 있는 유골이나, 유해 사이를 뚫고 머리카락처럼 자란 나무뿌리를 보면서 '나는 누구냐'라고 질문하게 된다. 다시 전쟁이 난다면 내 아들과 내 손자가 아니라 바로 내가 죽게 되는 것이다"라고 했다.

- 2015년 6월 6일자 〈한국경제신문〉, 이용석 국방부 유해발굴감식단 조사과장 인터뷰 중에서

국방부 유해발굴감식단은 지금까지 9천여 구의 용사를 찾았고, 그중 100여 유해를 가족 품으로 돌려보냈다.

저항령을 뒤로 하고 황철봉으로 향했다.
정상은 멀리 한 점이다.
긴 오르막은 앞만 보며 한 발 한 발 올라가야 한다.
동준이 염불을 외며 올라온다.
나는 '관세음보살' 안에 담겨있는 염원이 무엇인지는 알 수 없지만 그의 염원이 꼭 이루어지기를 빌었다.

숨이 턱에 닿는다.

땀이 뚝뚝 떨어진다.

한 줄기 바람이 불어온다.

암도 낫게 하는 백두대간 바람이다.

바위지대다.

설악의 작고 큰 봉우리가 발아래 펼쳐진다.

아! 저 산, 저 푸른 물결!

바람을 타고 땀방울이 산산이 부서진다.

입을 크게 벌리고 바람을 마셨다.

바람은 식도를 타고 항문까지 닿았다.

바로 그때다.

제복 입은 자들이 나타났다.

국립공원관리공단 단속반이다.

대간꾼들은 그들을 '국공파'라고 부른다. 일명 '국립공원 저승사자'다.

"선생님들은 자연공원법 제28조를 위반하였습니다. 주민등록증을 주세요."

당황했다.

심장이 벌떡거렸다.

잘못을 인정하고 선처를 부탁했다.

그들은 완고했다.

시간과의 싸움이었다.

그들은 신분증 제시를 요구했다.

그러다가 서로 간에 언성이 높아졌다.

내가 나섰다.

나는 배낭 속에 담아온 쓰레기를 보여주며, 오늘은 평일이고 산행 도중 페트병과 캔 등 버려진 쓰레기를 줍는 등 자연을 보호하려는 행동을 했으니 정상을 참작해 달라고 사정했다.

그러나 그들은 막무가내였다. 지자체에서 과태료가 부과될 것이라고 하며, 왔던 길을 되돌아가라고 했다.

자연공원법 제28조 제1항을 보자.

> 공원관리청은 자연공원의 보호, 자연공원에 들어가는 자의 안전과 그밖에 공익상 필요하다고 인정하는 경우에는 자연공원 중 일정한 지역을 지정하여 일정한 기간 그 지역에 사람의 출입 또는 차량의 통행을 제한하거나 금지할 수 있다.

그러면 백두대간을 종주했던 월드비전 긴급구호팀장 한비야의 《1그램의 용기》를 펼쳐보자. '백두대간 탐방 금지구역'에 관한 이야기다.

"백두대간 종주 중 ……. 무엇보다 마음이 불편했던 건 종주 구간 중 탐방 금지로를 만날 때였다……. 그 구간만 건너뛰면 되지 않느냐고 하겠지만 이건 말 그대로 종주라서 한 구간이라도 건너뛰면 종주가 아니다. 이 출입 금지 구간 때문에 백두대간을 종주하는 사람들은 모두 범법을 해야 한다.

1980년대부터 지금까지 종주했던 그 많은 사람들 중 단 한 명도 예외 없이 모두 그래야 했다. 물론 환경보호, 산악사고 방지 등 합당하고 타당한 이유가 있겠지만 무조건 못 가게 할 게 아니라 외국처럼 위험한 구간, 보호가 필요한 구간은 일정한 시간에 일정한 인원이 그룹을 만들어 국립공원 직원의 인솔을 받으며 갈 수는 없는 걸까? 나 역시 종주 중에 탐방 금지 구역을 만날 때마다 곤혹스럽기 짝이 없었다."

백두대간 종주자들은 모두 같은 심정일 게다.

탐방로 금지구역 설정과 단속방법을 개선할 수는 없는 걸까?

지금까지 모두 남의 일로만 생각했는데, 막상 내가 당해보니 정말로 개선할 점이 한두 가지가 아니다.

그래서 사람은 뭐든지 자기가 당해봐야 그 심정을 알 수 있다.

한바탕 전쟁을 치르고 다시 황철봉으로 향했다.

걷는 내내 심기가 불편했다.

후배들은 "괜찮다"고 했지만 나는 백두대간을 자유롭게 걷지 못하고 도둑고양이처럼 넘나들어야 하는 현실에 분노가 치밀었다.

황철봉(黃鐵峰,1,381m)이다.

긴 너덜지대와 미시령이 발밑이다.

울산바위가 손에 잡힐 듯 가깝다.

멀리 상봉과 향로봉 너머 금강산이 실루엣으로 아득하다.

아아! 국토의 등줄기 눈이 시리고, 가슴 저리도록 아름다운 백두대간이여!

길고 너른 너덜지대다.

너덜은 '설악의 **크레바스**'다.

"크레바스는 빙하가 갈라져 생긴 틈이다. 그 틈의 밑바닥은 어떻게 생겼는지, 깊이는 어떤지 아무도 알 수 없다. 단지 그것을 만나면 머리칼이 곤두서고 다리가 후들거릴 뿐이다. 아차, 방심하는 순간 몸은 크레바스의 거대한 구멍 속으로 빨려들어 가기 때문이다. 블랙홀을 연상하면 된다. 크레바스에 한 번 빨려들면 십중팔구 살아 돌아올 수 없다. 히말라야를 등반하던 많은 사람들이 이 블랙홀 같은 크레바스 속으로 흔적도 없이 사라졌다."

– 엄홍길,《8,000미터의 희망과 고독》163페이지 중에서

다시 후배들을 모았다.

정말 조심해야 한다고 신신당부했다.

한 번 낙상하면 속수무책이라고, 잘못하면 죽을 수도 있다고, 걸음은 각자지만 마음은 하나여야 한다고, 하느님과 부처님, 산신령 등 빽이란 빽은 다 동원해서 안전산행을 해 달라고 당부했다.

너덜지대 중간에서 귀영은 또 돌탑을 쌓았고, 동준과 송철은 바위 사이를 노루처럼 뛰었다.

귀영과 동준은 마치 형제처럼 잘 어울렸다.

"신발 바닥이 다 닳겠다."

"그래도 미끄럽지 않아서 다행이다."

"수많은 백두대간 선배들이 지나간 길이다. 국군도 지나가고 인민군도 지나간 역사의 길이다. 선질꾼이 등짐지고 넘던 고통과 눈물의 길이다."

너덜지대가 끝났다.

안도의 한숨이 터져 나왔다.

긴장이 탁 풀렸다.

동준은 가슴을, 나는 허벅지를 다쳤다.

귀영은 무릎과 장딴지에 쥐가 났다.

송철은 홀로 생생했다. 그는 옷을 벗어 임금 왕자가 그려진 배를 다시 보여주었다.

오후 3시.

미시령으로 향했다.

단조롭고 긴 하산 길이다.

송철은 "이제 치악은 겁나지 않는다"고 했다.

내가 말했다.

"까불지 마라. 자만은 금물이다. 작은 산은 작은 산대로, 큰 산은 큰 산대로 한 방이 있다. 겸손해야 한다. 벼도 익으면 저절로 고개를 숙인다."

"서울 지하철 1호선 망월사역 앞에는 '산악인 엄홍길 전시관'이 마련되어 있다. 여기가 도봉산으로 오르는 등산로의 시발점이다. 그리고 여기는 히말라야 열네 봉우리로 오르는 등산로의 시발점이기도 하다. 휴일이면 망월사역에서 지하철을 내린 등산객들이 줄지어 도봉산으로 올라간다. 사람들은 막무가내로 가고 또 간다. 도봉산을 오르는 일과 안나푸르나를 오르는 일은 다르지 않다. 길은 도봉산에서부터 안나푸르나까지 연결되어 있다. …… 도봉산길을 오르면서 나는 삶에 마땅히 바쳐져야 하는 경건성에 대해서 생각했다. 까불거나, 날뛰거나, 함부로 울거나, 입을 벌려서 마구 지껄여서는 안 될 것이었다. …… 도봉산과 안나푸르나는 다르지 않다. 어찌 까불 수 있겠는가."

- 엄홍길 지음, 《8,000미터의 희망과 고독》, 소설가 김훈의 추천사 중에서

"야, 저거 둥글레 아니야?"
"아니, 질경이 같은데?"
"질경이와 둥글레는 다르다. 질경이
씨는 오줌 지릴 때 쓰는 거고 둥글레

뿌리는 그냥 차 끓여먹는 거야."

　남산당 간《방약합편(方藥合編)》에 약재명과 효능이 자세히 나와 있다.
　"질경이는 씨를 쓴다. 한약재 이름은 차전자(車前子)다. 車前氣寒眼赤疾
小便通利大便實(차전기한안적질 소변통리대편실). 차전자는 약성이 차
다. 눈병을 치료하고 소변불통이나 변비를 치료한다. 둥글레는 뿌리를 주
로 쓴다. 한약재 이름은 황정(黃精)이다. 黃精味甘安臟腑 五勞七傷皆可補
(황정미감안장부 오로칠상개가보). 황정은 맛이 달고 오장육부를 편안하
게 한다. 오로와 칠상을 모두 보해준다."

　오후 3시.
　미시령 휴게소가 지척이다.
　미시령 밑으로 굴이 뚫렸다.
　국도를 오가는 차량이 드물다.
　옛길은 한적하고 새길은 부산하다.

　미시령 표지석이다.
　미시령의 옛 이름은 미시파령(彌矢坡嶺)이지만 이 고개를 넘나들던 민초
들은 큰령으로 불렀다. 말과 글의 불일치다. 말을 글로 옮기지 못했던 민
초들은 그냥 '큰고개', '큰령'으로 불렀다.

　둥근 철조망으로 출구를 막아놓았다.
　군데군데 CCTV 카메라가 눈에 띈다. 마치 DMZ 철책을 방불케 한다.

철책 앞에서 후배를 차례차례 껴안았다.

후배에 대한 감사와 존경의 표시다.

아! 눈물이 난다.

왜 이리 눈물이 나는 걸까?

후배들은 이제 각자의 길을 갈 것이다.

그들이 힘들고 어려울 때마다 백두대간의 시간을 떠올리면서 씩씩하게 살아갈 수 있기를 소망한다.

정송철이 활짝 웃었다.

그의 몸에서 풀꽃 냄새가 났다.

미시령 표지석에서 정송철, 이귀영, 이동준

 ### 산행 후기

산행기를 쓰는 일은 기쁨이자 고통이었다.

산행수첩과 지도를 펴놓고 지난 시간을 되돌아보는 일은 지난하기 짝이 없다.

둔필로 겨우겨우 맥을 이어 나갔다.

이번 산행은 사찰기행, 역사기행이었다. 산길 곳곳에 스며있는 선조들의 흔적을 살펴봄으로써 다가올 시간을 예비하는 계기가 되었다.

귀영의 불심(佛心)은 정말 대단했다.

돌탑과 백팔 배는 불심의 바로미터였다. 그는 운전이 생업이다. 안전운행으로 그의 삶이 안전하고 평온하기를 빈다.

동준은 또 하나의 산을 넘고 있다.

꾸준함을 이길 수 있는 건 아무도 없다. 나는 그의 끈기와 인내를 믿는다.

그의 소원성취를 빈다.

송철은 머지않아 보금자리를 떠난다.

소탈하고 털털한 인간미로, 영악하고 까다로운 세파를 넘어설 수 있기를
소망한다.

어렵사리 또 하나의 산을 넘었다.

나는 성정이 어질지 못하고 참을성이 부족해 대장으로 적합한 인간이 아
니다. 부족한 나를 믿고 따라준 후배들에게 충심으로 고맙고 감사한 마음
을 전한다. 이제 강원도 백두대간은 한 구간을 남겨두고 있다. 화룡점정의
마음으로 계절을 넘고자 한다.

▶ 15구간 : 미시령에서 진부령까지

위치 인제군 북면 ~ 고성군 간성읍 흘리
코스 미시령 ~ 신선봉 ~ 마산봉 ~ 진부령
거리 18km
시간 10시간 반

그 많던 사람들은 다 어디로 갔을까?

자식이 많아도 임종(臨終) 자식은 따로 있다고 했던가?

4년 4개월 전, 흥분과 설렘으로 가득했던 도래기재 다짐 이후 사람들은 밀물과 썰물처럼 들고 났다. 떠난 자는 돌아오지 않았고, 떠난 자의 자리는 곧 메워졌다. 백두대간은 화두(話頭)였고, 십자가였고, 고해소(苦解所)였다. 나는 외로웠고, 힘들었고, 눈물겨웠다.

백두대간 내내 한결같이 내 곁을 지켜준 자는 이동준이었다.

그는 나의 벗이자 동지였다.

마지막 산행을 알리자 답장과 격려가 이어졌다.

'마무리가 아니라 성숙을 위한 마지막 여정이 되었으면.'

'남들이 알아주지 않는다고 해도 스스로 그랜드슬램을 이루는……'

'삶이 해피엔딩으로 끝나지 않는다고 해도 중간 중간 행복했으면……'

편지를 읽으며 감사의 마음이 솟구쳤고
따뜻한 격려에 뭉클했다.

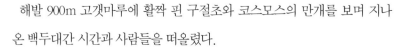

아침 6시 반.
미시령이다.
산은 안개에 휩싸여 10m 앞도 보이지 않았다.
해발 900m 고갯마루에 활짝 핀 구절초와 코스모스의 만개를 보며 지나
온 백두대간 시간과 사람들을 떠올렸다.

연초록으로 빛나던 2011년 봄날. 15시간 첫 산행을 마치고 청장 하사주
(?)를 마시며 의기양양했던 태백산 구간, 하루 종일 쏟아지는 소낙비를 맞
으며 흙 범벅으로 기다시피 걸어야 했던 피재 ~ 댓재 구간. 그날 후배 안
현주는 "애 낳는 것보다 더 힘들다"고 했고, 선배 장헌역은 "당신 때문에 내
무릎연골이 나갔다"고 했다.

눈부신 가을날, 불타는 단풍과 동해 풍광에 환호하며 박일용이 가져온
문어로 정상주를 마시던 두타청옥 구간, 그날 나는 핸드폰도 터지지 않는
이기령의 칠흑 같은 어둠을 앞장서 헤치며 선배의 지청구를 들어야 했다.
산 물결 사이로 아스라이 펼쳐지던
저녁노을을 바라보며 아름다운 임종
을 생각했던 약수산 하산 길, 기진맥
진한 몸을 이끌고 민박집 아주머니가
따라주는 더덕주 한잔에 곯아떨어진

진고개 ~ 구룡령 구간, 길을 잃고 헤매다가 어둠 속 암릉 밧줄에 매달려 사선을 넘나들었던 점봉산 ~ 한계령 하산 길. 그날 나는 꺽꺽 깊이 울었다.

대청봉 우체통 앞에서 '5천만 편지쓰기 엽서'를 나눠주며 '우정인'의 긍지와 자부심으로 불타올랐던 **파워포스트** 희운각 구간, 무릎 부상의 고통을 딛고 이를 악물고 버텨냈던 공룡능선, 백담사와 오세암에서 돌탑을 쌓고 백팔 배를 바치던 귀영의 불심을 보며 민초들과 부처를 생각했던 마등령 ~ 미시령 구간. 이제는 모두 다 아름다운 추억이 되었다.

아침 6시 50분.
산안개가 열렸다.
산신령이 풍광을 살짝 열어준다.
산안개가 바람을 타고 능선을 이리저리 휘감는다.

산에 들자 동준은 뒷간을 몇 번이나 다녀왔다.
신국언은 동준의 복통이 과음 탓이라고 했다.

"책은 늘 수면제였다. 책에는 커피와 침이 묻어 있다. …… 자투리 시간을 활용해 하루 24시간을 28시간처럼 썼다. 녹음기 5대가 고장 나고 이명증(耳鳴證)도 두 번이나 앓았다. …… 성공할 때까지 포기하지 않았다. 상사에게 자판기 커피를 빼다주고, 초콜릿을 사주고, 밥도 같이 먹었다. '옷 멋지다', '왠지 오늘 잘 생겨 보인다'는 아부성 발언도 했다. 소주와 폭탄주 대

결도 마다하지 않았다. 생계형 음주였다. '소폭'은 경정 때까지 한 번에 10
잔, 총경과 경무관 때는 7잔, 치안정감 때는 5잔 정도 마셨다."

　　　　　　　　　　　　– 2015년 9월 19일자 〈조선일보〉 Why, '여경의 전설' 이금형 인터뷰 중에서

　순경부터 시작해 총경과 경무관을 거쳐 치안정감까지 올라간 고졸 출신
경찰관 전 부산지방경찰청장 이금형의 말이다. 많은 직장인에게 폭탄주는
'생계형 음주'다.

　아침 7시 10분.
'6 · 25 전사자 유해발굴 지역'이다.

　　고성군 설악산 상봉 전투는 1951년 5월 국군수도사단이 북한군 6사단과 12사단을
　　물리치고 확보한 구국의 현장이다. 국방부와 육군 8군단은 2011년부터 현재까지 시신
　　100여 구를 발굴하여 국립현충원에 모셨다.

　백두대간은 삶의 터전이자 역사의 현장이다.
　아침이슬을 머금은 연보랏빛 현호색이 피어
있다.
　돌길에 도토리나무 열매가 여기저기 나뒹
군다.

　하얗고 빨간 버섯이 군데군데 무리지어 피어있다.
　안개가 벗겨지면서 황철봉과 저항령 너덜지대를 잇는 대간 마루금이 나

타났다 사라진다. 울산바위, 영랑호와 청초호가 햇볕을 받아 반짝인다. 구절초, 쑥부쟁이, 싸리꽃이 청초하다. 가을꽃은 대기만성이다.

사람도 대기만성이 있다.

다시 산안개가 밀려와 구석구석 파고든다.

빗기운을 머금은 시커먼 구름이 몰려온다.

"비가 올려나?"

"그냥 폼만 잡다 말겠지요."

신국언이 큰 소리로 웃었다.

"아니, 갑자기 왜?"

"강릉 기상청장 말씀이 생각나서요. 그분은 '내가 웃지 않으면 비가 온다. 그래서 매일 웃는다'고 했어요. 그래서 나도 시험 삼아 한 번 웃어 봤어요."

웃음은 만병통치약이다.

오전 8시 10분.

상봉 밑 암릉이다.

산꾼 한 명이 바위에 누워있다.

그는 "백두대간을 마친다고 엊저녁에 과음하고 늦게 잠자리에 들었다가 지금 혼이 나고 있다"고 했다.

화룡점정(畵龍點睛)이다.

끝까지 겸손해야 한다.

까불다가 한 방에 훅 간다.

동준이 석이(石耳) 버섯을 발견했다.

가파른 암릉에 새카맣게 붙어있다.

암릉에 매달려 조심조심 땄다.
석이는 말 그대로 귀처럼 생겼다.
무엇이든 관심이 있어야 보인다.
《나의 문화유산답사기》의 저자 유홍준은 "아는 만큼 보인다"고 했다.

마가목 열매가 새빨갛다.
마음은 꿀떡같지만 포기했다.
때로는 포기하는 것도 용기다.
바위틈에서 빈병과 빈 캔을 주웠다.
먹고 버린 자들의 양심을 생각했다.
국립공원 그린포인트 적립을 위해 배낭에 넣었다.

야생화가 지천이다.
가을꽃은 늦게 피고 빨리 진다.
꽃이 지면 단풍 든다.

오전 8시 40분.
상봉(1,239m)이다.
영랑호와 울산바위가 한눈에 들어온다.
그림 같은 풍광이 구름에 싸여 사라진다.

동준이 넘어졌다.

오른쪽 팔뚝을 긁혔다.

암릉에 석이가 지천이다. 비바람 찬 서리 맞고 자랐다.

그는 목숨 걸고 석이를 땄다.

"石耳甘平視不難(석이감평시불난)

久食益力且益顏(구식익력차익안)

석이버섯은 맛이 달고 순하다.

오래 먹으면 눈이 맑아지고, 기력이 좋아지고, 얼굴도 예뻐진다."

– 남산당 刊《방약합편》261페이지 중에서

"내년에 석이 따러 다시 올까? 석이가 피부미용에 좋다는데……."

"아이고, 이제 그만 와야지요."

오전 9시.

상봉 내리막, 돌길이 이어진다.

물 먹은 바위가 미끄럽다.

한 번 넘어지면 크게 다친다.

밧줄도 미끄럽다. 스틱을 던졌다.

조심조심 한 발 한 발 내디뎠다.

이젠 몸이 예전 같지 않다.

단풍이 들기 시작한다.

첫 단풍은 앙증맞다.

당나라 시인 두목은 "서리 맞은 단풍이 봄꽃보다 붉다"고 했고, 시인 조수옥은 "나무는 제 몸을 운행하는 동안 생의 절정에서 출혈을 한다. 그것은 소멸을 향한 반란이자 환생의 묵시록이다"라고 했다.

설악산 첫 단풍은 9월 25일 시작해 10월 18일 절정을 이룬다고 한다. 단풍은 하루에 20~25km씩 남하한다.

안개가 두텁다.

10m 앞도 보이지 않는다.

암릉에서 길을 잃었다.

후배들은 멀리 앞서 갔다. 그들은 믿거니 하지만 난 서운하다.

바람소리가 파도소리다. 나뭇가지가 세차게 흔들린다.

오전 9시 45분.

화암재다.

마장터와 작은 새이령이 갈린다.

오전 10시.

신선봉(1,204m)이다.

산안개가 밀려왔다 밀려간다.

안개를 몰고 다니는 건 바람이다.

바람은 보이지 않는다. 소중하고 중요한 건 눈에 보이지 않는다.

구절초가 바람에 흔들린다.

울산바위와 암릉을 잇는 설악능선이 운해 속에 잠깐 나타났다 사라진다.

동준이 또 석이를 따기 시작한다.

동준은 오늘 석이버섯에 꽂혔다.

석이가 암벽에 무리지어 붙어있다

무엇이든 귀한 것은 얻기 힘들다.

안개가 걷히면서 골바람이 불어온다.

눈을 감고 골바람에 육신을 내어주었다.

백두대간 **풍욕(風浴)**이다.

암도 낫게 하는 백두대간 바람이다.

백두대간은 **피톤치드의 보고(寶庫)**다.

오전 10시 반.

초보 대간꾼을 만났다.

이제 막 백두대간을 시작한 자들
이다.

이등병 냄새가 난다. 옷도 새 옷이
고 신발도 새 신이다.

나도 한때는 저랬다.

땀을 식히며 지나온 길을 되돌아보았다.

"와아아! 어떻게 저 길을 지나왔을까?"

사는 일도 그렇다. 못 견딜 것 같은 순간도, 지나고 보면 별것 아닌 경우
가 많지 않았던가.

오전 11시 반.

싸릿길을 지난다.

싸리나무 지천이다.

신국언이 검은 안경을 썼다.

백내장 수술 후 "의사는 시도 때도 없이 안경을 쓰라"고 했다.

참나무 군락이다.

귀영과 동준이 노루궁뎅이를 찾았다.

버섯 이름이 예쁘다.

노루궁뎅이가 어떻게 생겼길래?

나는 찾아도 보이지 않는다.

흙길이다. 발바닥에 감촉이 느껴진다. 폭신폭신 솜이불이다.

헬기장이다.

국군유해발굴단이 발굴한 유해를 옮기거나 산불진화를 위해 헬기가 뜨고 내릴 때 쓰기 위해 만든 곳이다.

정비가 잘 되어 있다.

낮 12시 20분.

대간령(大間嶺)이다.

옛 이름은 큰 새이령(샛령)이다.

진부령과 미시령 사이에 있는 고개다. 새이령은 한자로 간령(間嶺)이며, 작은 새이령은 소간령, 큰 새이령은 대간령이다. 조선지지에는 간령(間嶺), 신증동국여지승람에는 '소파령(所坡嶺) 고을 서쪽 59리에 있는 석파령(石坡嶺)'으로 나와있다.

산양과 담비, 수달, 가막딱다구리, 박쥐나무, 정향나무 등이 서식하고 있는 소중한 자원의 보고다.

서쪽은 인제군 북면 마장터(2km)요, 동쪽은 고성군 토성면 도원리(6km)다.

북쪽은 산림청, 남쪽은 국립공원 관할이다.

백두대간은 하나인데 관리청은 두 개다.

식탁이 차려졌다.

열무김치와 담근 김치, 매실장아찌, 더덕, 김, 깻잎, 토마토, 멸치볶음……. 1식 10찬이다.

밥과 반찬도 중요하지만 언제, 어디서, 누구하고 먹느냐에 따라 밥맛과 분위기가 달라진다.

백두대간 마지막 오찬이다.

목이 멘다. 밥이 넘어가지 않는다.

나는 천천히 먹었다.

밥을 먹고 급경사다.

오르막은 언제나 힘들다.

숨이 턱에 닿고 땀이 줄줄 흐른다.

채윤봉을 지나자 병풍바위 갈림길이다.

리본 하나가 바람에 흔들린다.

'우리 가족 사랑합니다. 건강, 소원성취, 행복을 위하여 파이팅! 백두대간 단독종주 2015. 7. 31. 충남 태안, 산사람 이기섭'

리본 하나에 세상 모든 아버지의 마음이 담겨있다.

"부산 가정 법원 천종호(51) 판사는 법정에 선 소년범에게 '부모님 사랑합니다'를 열 번씩 외치게 했다. …… '사랑한다. 미안하다'라는 말이 참 묘해요. 부모에게 이 말을 한 번도 하지 못하다가 법정에서 처음으로 이 말을 하는 아이가 많아요. '사랑합니다!'를 네다섯 번만 외치면 아이들 대부분이 울어요. 그때 반성과 치유의 싹이 트지요. 또한 절도죄로 법정에 선 여고생에게 소원이 뭐냐고 묻자 '가족이 다 모여서 밥 한 끼 먹는 것'이라고 했습니다."

– 〈좋은 생각〉 2015년 10월호, 13~14페이지 중에서

가족은 식구(食口)다.
식구는 밥을 같이 먹는 사람이다.
밥을 같이 먹고, '사랑한다', '미안하다'는 말도 자주하자.
가정은 학교다.

마산봉 가는 길.
기나긴 흙길이다.
몸에서 힘이 빠져 나간다.
비를 머금은 바람이 불어온다.
무겁고 눅눅한 바람이다.
바람이 몸에 착착 감긴다.
숲은 바람소리로 들썩인다.

오후 2시 반.

후드득 후드득.

빗살이 돋는다.

비를 맞으며 귀영과 동준이 샘
터로 물을 뜨러 내려갔다.

귀영이 돌배 한 알을 건네준다.

돌배 한 알에 마음이 담겨있다…….

다래도 지천이다.

세찬 비를 맞고 다래가 마구 떨어진다.

다래 맛이 꿀맛이다.

돌배와 다래는 최고의 건강식품이다.

숲은 산소와 피톤치드의 보고다.

백두대간은 치유의 숲이다.

오후 3시.

마산(馬山, 1,051.9m)이다.

소나기가 퍼붓는다.

몸이 흠뻑 젖는다. 마음도 젖는다.

모두들 말이 없다.

이럴 땐 무조건 대장이 선두다.

빠른 걸음으로 뛰듯이 내려간다.

얼굴에서 빗물이 뚝뚝 떨어진다.

몸에서 땀이 나며 김이 올라온다.

내가 입을 열었다.

"이 비는 하늘이 내려주는 선물이다. 뭐든지 좋게 생각하면 선물이 된다. 원망한다고 나아지는 건 하나도 없다."

백두대간 다니면서 깨닫는 건 무한 긍정이다.

오후 3시 20분.

알프스 리조트다.

짓다만 건물이 고철이다.

잣나무 숲은 물기로 출렁인다.

흙을 밟으니 말랑말랑하다.

참깨와 사과를 꺼냈다.

배고프면 다 맛있다. 시장이 반찬이다.

비는 이제 소나기다.

비가 오면 어쩔 수 없다. 그냥 맞는 수밖에 없다. 피하려고 발버둥 쳐봐야 소용없다. 온몸으로 뚫고 나가는 수밖에 없다.

사는 일도 그렇다. 불행이 닥칠 때는 어쩔 도리가 없다. 그냥 그대로 버티면서 통과하는 수밖에 없다. 버티다 보면 좋은 날도 온다.

모든 것은 변한다. **제행무상(諸行無常)**이다.

오후 5시.

진부령 백두대간 기념공원이다.

기념비가 빽빽하게 서 있다. 백두대간 종주를 마친 선배들이 세워놓은 비석이다.

고승의 부도(浮屠)를 모아 놓은 것 같다.

오후 5시 10분.

드디어 진부령이다.

서로서로 껴안았다.

울컥하면서 눈물이 핑 돈다.

"대장님도 우세요?"

"아! 눈물이 나네요."

손목시계를 풀어서 동준에게 건넸다.

지난 15년간 백두대간 마루금에서 동고동락했던 분신 같은 시계다.

"아니, 대장님 이걸 어떻게?"

그는 백두대간 종주의 숨은 공로자다.

그는 늘 일관했고, 씩씩했고, 헌신했다.

나는 그에게 산악대장 완장을 넘겼다.

진부령 표지석에서 이동준, 신국언, 이귀영

대원들이 표지석 앞에 한 줄로 섰다.

"차렷! 백두대간 대장님께 경례!"

"백두!"

"백~ 두!"

백두대간이여, 영원하라.

이제 백두대간에서 하산하고
새로운 도전에 나설 터…

백두대간은 화두였다.

15년간 백두대간을 끼고 살았다.

백두대간은 알 수 없었고, 보이지 않았다.

백두대간은 백두대간을 내려놓아야 보일 것 같았다.

난 늘 하산하고 싶었으나 무슨 팔자가 산에서 내려올 수 없었다. 돌아가신 어머니는 내 사주가 스님 사주라고 했다. 그래서 그런지 나는 산에만 들면 없던 기운도 생겼고, 마치 안방처럼 편안했다.

한 구간을 마칠 때마다 산행기를 썼다.

글 쓰는 일은 기쁨이자 고통이었다.

시간을 쪼개고 잠도 줄여야 했다. 수없이 썼다 지웠고, 다시 썼다 또 지웠다.

끼니를 거를 때도 있었다. 쓰고 나면 어김없이 몸살이 났다.

산행기는 또 하나의 큰 산이었다.

산행을 무사히 마칠 수 있었던 것은 '우정가족'의 응원과 격려 덕분이다. 어떤 분은 댓글로, 어떤 분은 음식으로 마음을 전했다. 비판과 질책도 더러 있었지만 성찰과 정진의 계기로 삼았다.

나는 이제 하산하려 한다. 그동안 백두대간에 바쳤던 몸과 마음을 추스르고 새로운 도전에 나서려 한다.

보잘 것 없는 산행기를 **사랑하는 가족과 대한민국 우체국 사람들에게** 바친다.